Fernand GI[R]

...réat de l'École de Psychisme
et de la Société Magnétique de France.
...re Général de la Société Internationale de Recherches
Psychiques et du journal « La Vie Mystérieuse ».

POUR PHOTOGRAPHIER

LES

RAYONS HUMAINS

Exposé historique et pratique de toutes
les méthodes concourant à la mise en valeur du rayonnement
fluidique humain.

PRÉFACE DU COMMANDANT DARGET

PRIX : **3 fr. 50**

PARIS

Publication de la Bibliothèque Générale d'Éditions

Collection « *VIE MYSTÉRIEUSE* »

174, RUE SAINT-JACQUES, 174

1912

DÉDICACE

Au chercheur infatigable, au pionnier, à l'apôtre qu'est le Commandant Darget.

A l'humble précurseur que fut le docteur Baraduc.

Au docteur Luys, à tous ceux qui, les premiers s'occupèrent de la question.

Fernand GIROD

Janvier 1912.

Principaux Ouvrages à consulter.

Exposé des différentes méthodes pour l'obtention des photographies fluido-magnétiques et spirites, Commandant Darget (article paru dans l'Initiation en juillet 1909).

La photographie des Effluves humains, SANTINI. Paris, Charles Mendel, éditeur.

La médiumnité guérissante, MAJEWSKI. Leymarie, éditeur, Paris.

L'humanité Intégrale, Nᵒˢ 7, 9 et 10, septembre, novembre, décembre 1897. Articles de J.-C. CHAIGNEAU.

Les Vibrations de la Vitalité Humaine. L'âme, ses mouvements, ses lumières. BARADUC. Ollendorff, éditeur, Paris.

LETTRE-PRÉFACE DU COMMANDANT DARGET

Paris, le 9 septembre 1912.

Mon cher Ami,

Depuis plus de 30 ans je travaille à cette importante question de la photographie du fluide vital, que j'ai dénommé Radio-activité des corps vivants, ou encore, par abréviation, Rayons V — vitaux.

Mais, tandis que je n'étais qu'un expérimentateur d'avant-garde, combattant en aventurier, posant des jalons sans toujours regarder s'ils étaient dans l'alignement, vous venez avec vos « Rayons Humains » mettre en ordre mon échiquier, ainsi que celui de tous ceux qui se sont occupés de démontrer, par la photographie, l'existence du fluide magnétique.

Personne encore n'avait fait un exposé aussi complet de la photographie du rayonnement humain, tant au point de vue historique de la découverte qu'au point de vue des différentes techniques opératoires.

On reconnaît, dans votre écrit, l'esprit de
méthode et de classification qui vous caracté-
rise, une justesse d'appréciation sur les différents expérimentateurs que vous citez, une clarté
dans la façon dont vous exposez les phénomènes
obtenus, qui font de votre livre, un lumineux
plaidoyer prouvant la réalité de cette force
insuffisamment connue, et qui comme sa sœur
l'électricité, dont l'essence intime est encore non
révélée, doit doter l'humanité de nouveaux éléments de progrès.

J'ai bataillé toute ma vie, par mes articles
dans les journaux et revues, contre des savants,
demi-savants et certaines mouches du coche
s'efforçant de bourdonner, du haut de leur
incompétence, autour d'une science qu'ils
n'avaient pas étudiée; et dont vous stigmatisez
si bien le manque de courage dans les dernières
pages de votre œuvre.

Votre livre leur servira de manuel. D'ailleurs
chacun pourra opérer après vous avoir lu et
reconnaitre la quantité de fluide vital qu'il
possède.

Les phénomènes que vous avez si savamment
décrits, c'est la vie même des hommes, des
êtres vivants, c'est une partie des énergies invisibles contenues dans notre planète qui semble
nous les donner par doses successives.

Jamais problème plus passionnant n'a été posé.

C'est tout un monde nouveau; celui des fluides invisibles, rendus sensibles à nos sens par la photographie, qui déjà a pu, seule, scruter le ciel jusque dans ses étoiles les plus lointaines.

C'est le monde profond de l'avenir qui s'ouvre devant les pas des hardis chercheurs et qui se présente ici à l'examen de la Science.

Votre ouvrage va engendrer des polémiques d'où jaillira la vérité ainsi que le succès des pages que vous livrez maintenant à l'impression.

Votre tout dévoué.

Commandant DARGET.

AVERTISSEMENT

L'ouvrage que nous présentons aujourd'hui à l'appréciation du lecteur n'est ni un traité de photographie, ni un traité de magnétisme physiologique expérimental.

Nous estimons que ceux-là même qui ouvriront ce livre seront quelque peu des initiés en matière de photographie comme en la pratique de l'art magnétique; car, en vérité, si ayant lu le titre et les sous-titres de l'ouvrage, on, se donne la peine de l'ouvrir, de le parcourir ou même d'en entreprendre la lecture de bout en bout, c'est que le sujet dont il traite nous intéresse et qu'il cadre, dans une certaine mesure, avec nos idées du moment, avec notre façon de voir.

Or donc, selon nous, ceux qui nous liront seront gens quelque peu au courant des questions traitées ici. Aussi bien ne nous étendrons nous pas très longuement sur les parties par trop techniques ; notre intention n'étant, en ce livre, que de décrire les principaux procédés qui ont été employés jusqu'à ce jour pour mettre en valeur, d'une manière à peu près irrécusable, par le moyen d'un témoin absolument privé de complaisance, susceptible d'être pris en considération et d'être cru sur simple présentation, l'existence du rayonnement humain, de l'effluve du corps vivant, de l'atmosphère fluidique de l'homme, du « Magnétisme Physiologique ».

En cet ouvrage nous exposerons succinctement les différentes méthodes par lesquelles on peut arriver au résultat que nous promettons ; nous indiquerons aussi les causes d'erreurs, de fausse interprétation ; nous exposerons aussi les objections que l'on peut formuler sur les différents modes opératoires et sur les résultats acquis. En un mot, nous tâcherons d'être le plus impartial qu'il soit possible en donnant, très exactement, l'état de la question telle que nous la connaissons.

Et nous osons espérer que ce travail ne restera pas sans échos, qu'il suscitera des recherches nouvelles de la part de ceux qui en auront pris connaissance, et que tous les lecteurs qui s'inspireront des principes exposés et en obtiendront des résultats valables, nous sauront gré de leur avoir indiqué ces méthodes qui toutes tendent vers un même but : Démontrer la réalité de l'existence du rayonnement humain, faire reconnaître celui-ci comme une vérité primordiale incontestable et asseoir définitivement, s'il se peut, son étude au rang des études classiques et officielles.

AVANT-PROPOS

La photographie jouit à notre époque d'une vogue qu'elle a bien méritée. Son attrait, sa simplicité en ont fait la distraction des familles, le sport à la mode ; elle est devenue l'expression vraie de l'art pour tous. Il n'est pas, en effet, de plus petit artisan à l'intelligence quelque peu éveillée qui ne se soit laissé séduire par l'idée de conserver chez lui, dans un petit recoin de son « home » les portraits de famille faits pour ainsi dire de sa main ; ainsi que les souvenirs d'agréables journées remplies du rare plaisir qu'il aura pu goûter à travers son existence de labeur et de peine.

Mais, outre ces humbles, combien d'autres catégories d'individus ne sont-elles pas redevables à la photographie des services qu'elle prodigue à ceux qui savent la conduire comme il sied, comme elle demande à être conduite, c'est-à-dire avec douceur, avec patience? L'ar-

tiste ne lui doit-il pas une somme énorme d
travail économisé? Quelle source inépuisable d
documents de toute nature n'a-t-il pu se créer
grâce à ce petit appareil qui se dissimule facile
ment dans la poche et qui renferme en son sei
la plaque sensible, ce bloc-notes dont le
impressions sont si fidèles et si durables?

Et l'industrie! Ses progrès ne sont-ils pa
étroitement liés au développement de la reine d
la documentation? Et que ne lui doit aussi l
science? Combien la tâche du savant fut de foi
facilitée grâce à cette possibilité de fixer d'un
manière tangible le fruit de sa découverte, d
ses recherches?

La photographie a en effet pris dans l
science moderne une place prépondérante; l
physicien, le naturaliste, l'astronome, le ch
miste même, gens qui étudient plus particulièr
ment les manifestations visibles de la matièr
et de la vie, ont trouvé en elle un auxiliair
précieux, indispensable.

L'astronomie surtout, depuis l'application d
la photographie aux multiples recherches et au
études systématiques du monde stellaire, a pr
gressé à tel point que le ciel semble ne plu
posséder de secrets pour l'œil de l'investigateu

Dans un autre ordre d'idées, nous croyor
qu'il en sera de même lorsque l'on pourra appl

quer, d'une manière précise, la photographie à l'étude si passionnante des manifestations invisibles de la matière; nous entendons des manifestations que nous observons chaque jour en tant que phénomènes et dont le principe dirigeant, la cause initiale nous échappent.

Sans vouloir nous perdre dans des dissertations métaphysiques ou métapsychiques, et toujours en partant du plan positif sur lequel nous sommes, disons que nous restons persuadés qu'un jour viendra, qui n'est pas très éloigné, croyons-nous, où la photographie jouera le plus grand rôle dans l'explication rationnelle de la plupart des phénomènes psychiques ou manifestations des « Forces inconnues ».

Mesmer, le rénovateur du magnétisme physiologique, en France, disait, peut-être en d'autres termes, il y a quelque cent trente ans.

« Il existe dans la nature une force particulière dont tous les êtres organisés sont doués. Cette force se manifeste plus particulièrement dans le corps humain; elle a des propriétés analogues à celles de l'aimant, etc. ».

Aujourd'hui, certains esprits avancés que n'aveugle pas l'esprit de routine scolastique disent, en se basant sur des expériences dont la valeur scientifique ne fait aucun doute : « Tous les corps émettent des radiations ». Et, petit à petit, nos physiciens découvrent toutes sortes de radiations insoupçonnées par eux il y a moins de vingt ans ; ce sont des rayons X, des rayons N, des rayons d'uranium, de radium et d'autres encore. Et, demain, quand ils auront reconnu l'existence des rayons humains, ils les appelleront Z´ou Y, et ce seront eux qui auront découvert le magnétisme physiologique.

Quoi qu'il en soit, revenons à notre petit travail. On saura, de par cette digression, ce que nous avons l'intention de faire. Nous voulons montrer que si les corps émettent des radiations, depuis le temps que les « magnétiseurs » l'affirment en donnant à l'appui toutes sortes d'observations se contrôlant les unes par les autres ; nous voulons montrer, disions-nous, que, dans une certaine mesure, on peut se rendre compte de la véracité de ces assertions en appliquant la plaque photographique à la recherche des radiations invisibles à notre œil et plus particulièrement des radiations humaines.

Nous donnerons donc dans ce travail, ainsi que nous le disions déjà dans notre avertissement, la façon simple d'opérer pour obtenir, sur des plaques sensibles, des indices de radio-activité humaine. Mais, avant de commencer, nous dirons aux débutants dans ce genre de recherches de ne pas se déconcerter si les premiers

résultats ne sont pas pour eux les plus satis-
faisants. N'oublions pas qu'en matière de
psychisme, la non-obtention d'un phénomène
confirme bien souvent son existence comme en
matière grammaticale l'exception confirme la
la règle. La photographie en général, la photographie des radiations invisibles en particulier,
est excessivement capricieuse. C'est une ser-
vante qui demande à n'être pas brutalisée.
Donc lecteurs, si vous entreprenez de suivre à
la lettre les méthodes que nous développerons,
souvenez-vous de ces deux mots dont vous
devez faire votre devise : Patience et persé-
vérance.

Un mot sur le magnétisme physiologique.

Quoique nous ayons adopté l'appellation de « Rayons Humains » pour traiter notre sujet, c'est bien du magnétisme physiologique dont nous voulons parler, aussi ne croyons-nous pas inutile de donner une définition sommaire de ce que l'on entend communément par « Magnétisme ».

Le magnétisme existe partout dans la nature; il est à l'état latent dans tous les corps; c'est une modalité de l'énergie dont l'existence n'est pas plus contestable que l'éther des physiciens.

Tous les corps, disons-nous, possèdent cette force en eux; oui, mais il semble que plus on avance dans l'échelle des êtres et plus cette force est susceptible d'une plus grande dynamisation et plus elle donne lieu à des phénomènes d'importance plus grande. Ainsi, un corps inerte, un minéral ne possède que très peu de cette « radio-activité »; une plante en possède un certain degré; l'animal un plus haut degré encore, et l'homme, enfin, non seulement possède cette force au plus haut point, mais il peut, dans une certaine mesure, la soumettre au contrôle de sa volonté. Non pas que ce soit la volonté qui

agisse notablement dans la production des phénomènes extra-physiologiques qu'il est convenu d'appeler les phénomènes du Magnétisme ou du
Psychisme ; mais parce que l'homme peut, à son gré,
rayonner ou ne pas rayonner, extérioriser sa force
nerveuse (1) ou ne pas l'extérioriser, en un mot
« magnétiser » ou ne pas « magnétiser ».

Ceci dit, nous ne nous étendrons pas davantage
sur ce chapitre, ce livre n'étant pas, nous le répétons, un traité de métaphysique, mais un simple
essai en faveur de l'évolution d'une science toute
jeune et que nous considérons quoi que cela comme
une science-mère, comme la science même de la vie.
Et nous terminerons cette courte description en
disant que le corps humain doit être considéré
comme étant polarisé à la façon d'un aimant en fer
à cheval dont les pôles se trouvent aux extrémités,
et dont le point neutre se trouverait placé au sommet
de la tête ; ceci d'après les travaux très sévères de
nos psychistes contemporains et de l'avis même de
certains grands physiciens.

Cependant, quoique cette théorie de la polarité
humaine ait une grande valeur au point de vue de
l'explication des courants fluidiques du corps, nous
devons dire que le rayonnement a lieu, selon nous,
sur toute la surface et que certaines zones possèdent des points d'émanations plus grands que

____

(1) Si nous supposons, ce qui nous est permis, que la force
magnétique radiant du corps humain est dépendante du système
nerveux.

d'autres. Ces centres d'émanations sont les mains, les pieds, ainsi que l'admet la théorie de la polarité ; la tête et principalement les yeux, le front, ainsi que la colonne vertébrale et d'autres points encore.

Ces quelques notions suffiront à faire comprendre les différents systèmes de graphie d'effluves que nous allons exposer dans la suite de cet ouvrage ; suffiront à faire comprendre aussi les résultats obtenus.

Un mot encore pour dire que ce que nous nommons Rayons Humains, un de nos maîtres, le Commandant Darget à qui nous devons l'éloquente préface de ce livre, les appelle Rayons V, abréviatif de rayons vitaux. D'autres auteurs les désignent sous les dénominations « fluide vital, fluide magnétique, force psychique, fluide nerveux ou ectenique, force neurique rayonnante » et d'autres encore.

Notions générales sur la photographie.

Nous n'exposerons dans ce paragraphe que les données nécessaires pour l'obtention des épreuves photographiques d'effluves.

La plaque sensible. — La plaque sensible est l'élément indispensable dont on doit se précautionner et il n'est pas besoin d'appareil, pour la plupart des essais du moins et notamment les premiers. Toutes les marques de plaques sont bonnes, mais nous recommandons plus spécialement les plaques lentes. Toutes les manipulations doivent se faire dans la chambre noire. Aucune issue, aucune fissure ne devra laisser pénétrer le plus petit filet de lumière blanche. L'émulsion au gélatino-bromure d'argent qui recouvre la plaque de verre étant d'une extrême sensibilité, on ne saurait prendre trop de précautions pour éviter les déboires. On s'éclairera avec la lumière rouge très foncée. On vend partout des lampes fort commodes pour cela ; nous conseillerons de la prendre un peu grande et de se servir de préférence de petites veilleuses appelées « photo-phare » qui éclairent peu et sont de ce fait très utiles, car la lumière rouge est encore susceptible de voiler la plaque si on laisse celle-ci trop longtemps exposée devant, et comme la pose que l'on doit faire dans le cabinet noir peut varier de quinze minutes à une demi-heure, il faut éviter tout ce qui est susceptible de produire ce voile grisâtre qui détruit la plupart des clichés d'amateur. Le rêve serait d'opérer complètement sans lumière ; avec un peu d'habitude on arrive fort bien à faire ses manipulations dans l'obscurité totale.

Bain révélateur. — En principe, tous les révélateurs sont bons. Il est à peu près inutile de composer soi-même ses bains; on en trouve dans le commerce d'excellents et qui sont très bon marché. Les révélateurs blancs à l'hydroquinone ou au métol sont les plus recommandables pour la facilité des manipulations.

Fixage. — Le fixage de la plaque, après qu'elle aura été révélée à la manière que nous indiquerons plus loin, devra se faire dans un bain d'hyposulfite à 150 ou 200 grammes pour 1.000 d'eau.

Lavage intermédiaire. — Il faut avoir bien soin de laver la plaque sensible au sortir du bain révélateur et avant de la plonger dans le bain d'hyposulfite.

Lavage final. — Au sortir du bain de fixage, la plaque photographique ne craint plus la lumière — le fixage ayant duré environ dix minutes, un quart d'heure — on la lavera alors énergiquement dans une eau propre et si l'épreuve est belle, si elle mérite d'être conservée, on lavera à grande eau pendant un quart d'heure, ou bien on laissera séjourner dans une cuvette d'eau et on changera cette eau toutes les cinq minutes ; cela pendant une demi-heure environ.

Séchage. — Puis on retirera la plaque et on la laissera sécher à l'air libre et à l'abri de la poussière. On aura, enfin, la précaution de ne pas mettre la gélatine en contact avec quoi que ce soit tant qu'elle ne sera pas absolument sèche.

Epreuves négatives, épreuves positives. — La plaque ayant été impressionnée constitue ce qu'on appelle un cliché « négatif ». Ajoutons qu'en photographie fluidique c'est ce cliché original qui à le plus de valeur ; car, bien souvent, la plaque, au sortir du bain de développement, présente des colorations qu'il est impossible de reproduire sur l'épreuve positive, ou bien elles y laissent des traces blanchâtres ne signifiant pas grand'chose pour quiconque n'a pas eu le cliché primitif sous les yeux.

Selon donc le but que l'on visera pour l'emploi de ces clichés, on les conservera soit tels quels, en négatifs, soit mis en positifs sur papier et, en ce cas, la manipulation est assez simple.

Se servir de préférence du papier au citrate d'argent qui s'impressionne à la lumière du jour. Faire l'emplète d'un chassis-presse, vendu chez tous les marchands de fournitures pour photographie ; y poser la plaque, dûment séchée et exempte de poussière, le coté gélatine en dedans — le verre devant être tourné vers la lumière — recouvrir le côté émulsion d'une feuille de papier sensible — le côté émulsionné du papier se reconnaît facilement à son brillant et à sa coloration spéciale — et l'on expose ensuite son chassis bien fermé à la lumière du jour — éviter d'exposer en plein soleil — jusqu'à ce que tous les détails soient suffisamment venus et que les « noirs » aient une teinte assez foncée. Après quoi l'on retire et l'on plonge l'épreuve dans un bain de « viro-fixage » à base de chlorure d'or, bain qui a pour but de rendre par la suite le papier inaltérable à la lumière.

Le papier change alors de couleur; il devient rouge brique, puis roux et passe par toutes sortes de colorations différentes. On jugera que l'épreuve est suffisamment fixée lorsque toute trace de teinte roussâtre aura disparu. Plus on pousse le fixage et plus l'épreuve tire au noir; à l'amateur d'arrêter l'action chimique lorsque le ton du papier lui convient. Après cela, l'épreuve sera lavée pendant une demi-heure à l'eau courante. Il reste bien entendu que l'on ne fera ces manipulations avec tout ce soin que si l'épreuve est belle et mérite quelque attention.

Pour tous autres renseignements, on les trouvera dans les notices spéciales que contiennent les pochettes de papier que l'on vend dans le commerce.

Si on destine ses clichés originaux à la projection, il sera nécessaire, la plupart du temps, de les transposer sur des verres de dimension déterminée. Aussi, pour cela, nous conseillerons de confier le travail à un photographe faisant travaux d'amateur, car ceci nécessite tout un attirail que le débutant ne peut se permettre de posséder.

Nous pensons en avoir suffisamment dit en ces quelques lignes pour mettre chacun à même de faire les manipulations nécessaires à l'obtention des photographies d'effluves, branche spéciale de l'art que l'on appelle aussi « effluviographie ».

Ceux de nos lecteurs qui sont au courant des pratiques de l'art photographique ne s'inspireront que de la partie technique ayant trait à l'obtention des clichés d'effluves. Ceux qui n'avaient aucune notion de photographie seront maintenant un peu plus savants et si la question les intéresse, ils en seront quittes pour parfaire leurs études en cette matière dans les traités spéciaux.

Effluviographie.— Technique opératoire.— Impression sur côté gélatine. — Les travaux du docteur Luys.

Dès le début, nous pouvons poser en principe ceci :

Une plaque sensible peut être impressionnée par les rayons humains soit directement du côté de l'émulsion, soit en la prenant du côté verre. Elle en peut être impressionnée d'une façon à peu près constante que plongée dans un liquide, c'est-à-dire quand l'émulsion est rendue « perméable » aux rayons vitaux — exception est faite lorsque l'on fait intervenir le facteur électricité, comme nous le verrons au cours de cet ouvrage. — Les épreuves sur plaques à sec, ainsi que les épreuves avec plaques en appareil sont assez difficiles à obtenir, mais non impossibles. Nous aurons occasion d'en reparler.

Impression sur côté gélatine. — Les premières expériences de ce genre qui ont été portées à la connaissance du public, par voie de presse, sont celles du docteur Luys, qui était alors médecin principal à l'hôpital de la Charité et qui fit de nombreuses recherches avec un chimiste distingué, M. David, sous-directeur aux teintureries des Gobelins, qu'il s'était adjoint pour la circonstance.

Le docteur Luys qui avait préalablement étudié avec le colonel de Rochas, ancien administrateur de l'École Polytechnique, l'objectivité du rayonnement humain à l'aide de sujets sensitifs, fit sa première communication sur ses recherches photographiques d'effluves à la Société de Biologie, en 1897, et il exposa, dans cette thèse, toute sa technique opératoire.

Le docteur Luys expérimentait sur le côté gélatine de la plaque photographique d'après un procédé technique dû au docteur Gustave Lebon. Voici, d'après quelques extraits d'un article paru dans le journal *L'Éclair*, de Paris, en date du 12 juin 1897, qu'elle était sa façon de procéder :

« Dans le laboratoire photographique, éclairé à la lumière rouge, il déposait une plaque au gélatino-bromure d'argent au fond d'une cuvette dans laquelle il versait un bain d'hydroquinone.

Il appliquait ensuite l'extrémité de ses doigts, par leur face palmaire, sur la plaque, pendant 15 à 20 minutes et, finalement, il développait par les procédés ordinaires. On constatait alors, sur les clichés, que la place exacte où avaient reposé les doigts portait l'empreinte — impression purement mécanique, ajoutait Luys — des pores de l'épiderme des doigts, mais, tout autour, rayonnait une lueur plus ou moins étendue ; l'empreinte de chaque doigt était entourée d'une auréole ou zone lumineuse dont la forme variait avec chaque sujet et, chez un même sujet, suivant les divers états où il se trouvait.

La plaque photographique nous montre, continuait le docteur Luys dans son rapport, que l'intensité de ces effluves qui se dégagent incessamment des extrémités digitales varie suivant les âges, les sexes, les différentes phases de la journée, suivant même l'état variable des émotions qui viennent mettre en vibration l'être humain..... En somme, affirmait-il, nous saisissons sur le fait, nous enregistrons scientifiquement le fluide des magnétiseurs, le fluide signalé par le baron de Reichembach sous le nom d'Od ; la Force Neurique, de Baréty ; nous montrons la réalité objective de ce fluide spécial qui semble être une manifestation essentielle de la vie et qui s'extériorise, ainsi que cherche à le démontrer le colonel de Rochas dans ses curieuses études sur l'extériorisation de la sensibilité.

Quelle est la nature exacte de ces effluves, quels sont leurs caractères physiologiques intrinsèques? Nous ne le savons pas encore, mais leur état, leur intensité, leur diminution permettront de scruter dans leurs moindres détails les phénomènes de la sensibilité ».

Ainsi s'exprimait le docteur Luys, en 1897, dans son rapport à la Société de Biologie et, à quelque temps de là, à l'Académie des Sciences ; et il citait, à l'appui de ses assertions, quelques cas cliniques dont voici les principaux :

Une femme adulte, appartenant au service du

docteur Voisin, était « anesthésique bilatérale », privée de toutes les sensibilités; je lui ai fait appli-

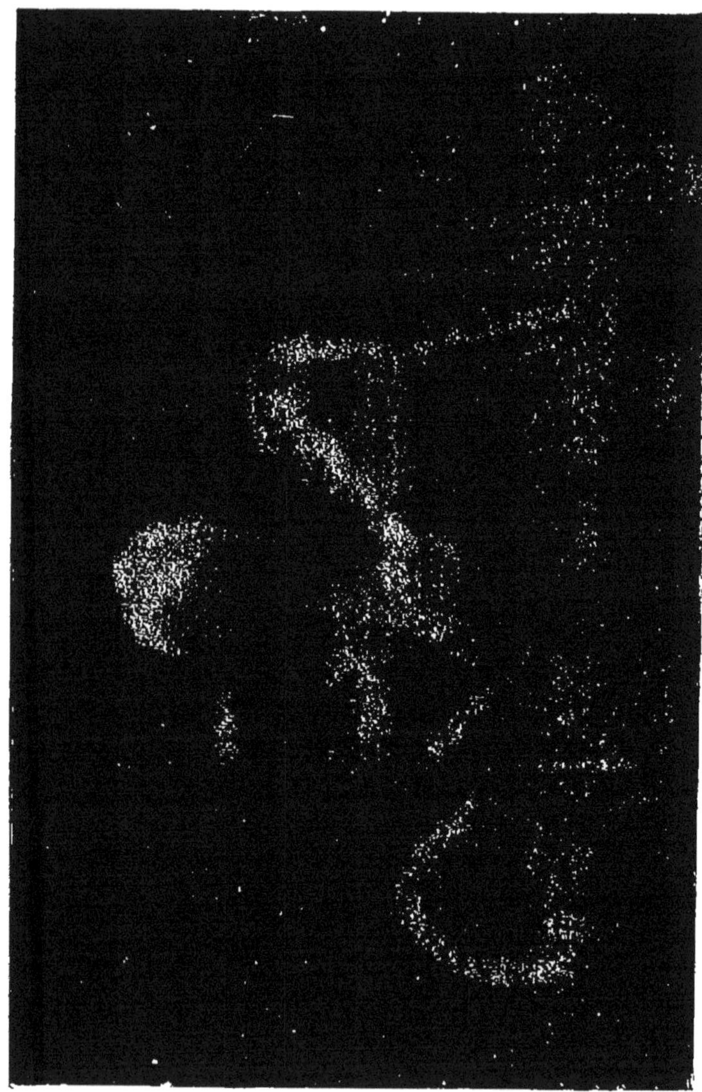

Fig. 1. — Une des premières épreuves obtenues par le docteur Luys.

quer les doigts sur une plaque photographique, et j'ai pu constater que les mains de cette femme, examinées par nos procédés usuels ne m'ont fourni aucune empreinte digitale; cette femme n'émettait pas d'effluves.

Par contre, chez une autre femme, ancienne malade de mon service à la Charité, hypnotisable, j'ai pu obtenir les effluves variés appartenant aux différents états de l'hypnotisme — léthargie, catalepsie, somnambulisme; — dans ces différents états, les effluves ont présenté des modalités différentes.

Mais, entre ces deux malades placées aux deux extrémités de la sensibilité, il y a toute la gamme des individus plus ou moins normaux, des sujets sains dont l'intensité d'effluves est plus ou moins variable.

Voici un exemple particulièrement curieux : il y a quelque temps j'étais malade; j'eus recours aux soins d'un masseur fort habile : « Je me refuse à croire qu'il y ait dans votre travail un simple phénomène mécanique, lui dis-je, je suis persuadé que ce n'est pas seulement parce qu'ils pétrissent la chair que vos doigts guérissent : à mon avis, il doit en émaner quelque chose ». Je lui demandais de se soumettre à l'examen de la plaque photographique; il y consentit, et j'obtins de ses doigts l'impression d'effluves dont l'intensité était de beaucoup supérieure à la moyenne...

« Tels sont, disait Luys en terminant, les débuts d'une méthode expérimentale dont on ne peut encore soupçonner l'étendue : elle nous ouvre un champ immense pour la recherche de tous les phénomènes vitaux, pour l'étude de ce qui sépare les faits physiologiques des faits psychologiques... A quels résultats inespérés n'arrivera-t-on, avec cet enregistrement photographique, dans l'étude du fluide mystérieux qui semble être la manifestation essentielle de la vie? »

*C'est au docteur Baraduc et au comman-
dant Darget que reviendrait la priorité
de la découverte de l'influence des rayons
humains sur la plaque photographique.*

A la suite de l'article paru dans *L'Éclair* du
12 juin 1897, article dans lequel le narrateur invitait
les lecteurs s'occupant de photographie à répéter
les expériences du docteur Luys, et, pour ceux qui,
très versés dans l'art photographique, pourraient
donner des explications rationnelles sur l'enregistrement du rayonnement observé autour de l'emplacement des doigts, à répondre aux questions
suivantes : « Y voyez-vous tous une émanation d'un
fluide lumineux traduit par la photographie? Y
voyez-vous un accident dont l'interprétation peut se
passer de cette séduisante hypothèse ?

Un grand nombre de lecteurs répondirent à cette
sorte de référendum et, parmi eux, les uns confir-
mèrent les résultats obtenus, d'autres opposèrent
des objections et s'essayèrent à détruire l'interprétation qui avait été donnée par le docteur Luys.

M. Aviron, de Tours, en parlant des expériences
de Luys, disait : « Ce n'est point là une nouveauté.

M. Baraduc a fait la « même expérience », et M. Aviron signalait aussi le commandant Darget.

« Cet officier, disait-il, a fait chez moi et chez lui nombre de clichés qui méritent, par la diversité et l'intensité des lueurs odiques, la plus sérieuse attention. Une collection en est déposée à la bibliothèque de Tours ».

La première épreuve du commandant Darget aurait été faite à Tours en 1883.

En juin 1894, il en obtint quelques-unes chez le docteur Baraduc, avec le concours de l'électricité; puis à Versailles, il obtient de fort curieuses épreuves en étendant seulement les mains vers les plaques et les magnétisant pendant cinq à dix minutes.

Et, faisant des expériences identiques à celles de Luys, le commandant Darget aurait eu déjà, à cette époque, une collection de près de 150 épreuves, faites soit avec contact sur la gélatine, soit même sans contact, et même à travers une boîte dans laquelle se trouvait une plaque sensible, le fluide opérant à la manière des rayons X.

D'autre part, le commandant Darget possède une lettre écrite par Baraduc et dans laquelle ce dernier lui dit, entre autres choses : « Je reconnais que c'est vous qui, le premier, m'avez présenté des photographies d'effluves obtenus sans le concours de l'électricité ».

Objections soulevées par le procédé d'expérimentation côté gélatine.

Je crains bien, écrivait un lecteur de *L'Éclair*, que ces faisceaux dits lumineux ne soient dûs à une toute autre cause. Pour moi, ce sont purement et simplement des lignes nodales, telles qu'on en obtient en faisant vibrer une plaque métallique recouverte de poussière avec un archet. Il n'est pas admissible que l'expérimentateur reste vingt minutes complètement immobile, et le mouvement, quoique léger, peut faire vibrer la cuvette, et le liquide révélateur a des courants bien déterminés à la surface de la plaque.

La science des mouvements vibratoires reste toujours la même, les lignes nodales restent donc constantes, et leur influence n'est plus négligeable; le révélateur est plus concentré selon ces lignes et attaque plus énergiquement le bromure et les résultats sont les raies noires observées. Ce qui n'a pas lieu quand on agite la cuvette dans tous les sens.

Pour M. Mottu, de Nantes, ces rayonnements provenaient d'une action chimique de la peau humaine sur la couche de bromure d'argent. La transpiration de la main devait certainement, selon lui, laisser des traces sur une plaque où l'on a posé les doigts pendant vingt minutes.

Et M. Mottu proposait de faire l'expérience, en plaçant sous le pouce une petite plaque de verre très mince. Le pouce n'adhèrerait pas directement et cependant la lumière pourrait être enregistrée. En ce cas, il faudrait renoncer à voir dans l'auréole la réaction chimique provenant de la sueur.

M. Mottu ne niait pas l'expérience du docteur Luys; il ne lui demandait que d'être rigoureusement contrôlée.

M. Liorel, de Montereau, supposait aussi que c'était la chaleur dégagée par les doigts qui provoquait l'auréole. Il ne niait pas toutefois le fluide humain, mais il se défiait des épreuves photographiques qu'on lui soumettait.

Posez vos doigts sur une vitre et vous verrez, disait-il, se former, autour du point de contact du doigt, une auréole. Cette auréole est constituée de petits points de vapeur condensée, d'autant plus gros qu'ils sont plus près de l'endroit que touchent les doigts.

Posez ensuite la face interne de la main sur la vitre, vous aurez le contour de votre main bien dessiné, les parties que la main n'aura pas touchées seront couvertes de buée; si c'est la face externe de la main que vous appliquez, vous ne remarquerez que peu de chose; cela tient à ce que la partie interne de la main émet plus de chaleur et évapore davantage de liquide en raison du nombre incalculable de pores dont cette partie est garnie.

Si vous vous servez d'une vitre verticale, vous aurez une auréole de forme elliptique ; si, au contraire, la vitre est horizontale, le contour de vos doigts aura une forme presque régulière, c'est encore une manifestation de la chaleur : dans la vitre verticale, l'évaporation qui tend justement à disperser les vapeurs dans l'atmosphère, fixera la buée en plus grande partie dans le sens de la hauteur.

Autre remarque : si vous avez les mains fraîches, il ne se formera pas de contour, ou il sera peu accentué ; si, au contraire, la vitre est chaude ou exposée au soleil, vous n'aurez également qu'un léger contour ou même rien du tout.

Le phénomène observé sur la plaque photographique n'a-t-il pas son explication dans les observations ci-dessus ?

Un autre correspondant critiquait encore l'ensemble des expériences au point de vue de la manière dont elles avaient été conduites, et il inclinait à en chercher l'interprétation dans une simple réaction chimique : l'autorité et la bonne foi certaines de MM. de Rochas, Baraduc et Luys, en tout ce qui concerne la question du prétendu fluide humain, précisait notre critique, ne doivent pas empêcher de faire remarquer qu'en la circonstance présente, ils ont violé les règles élémentaires de l'expérimentation scientifique.

Dans toute expérience, il est absolument nécessaire :

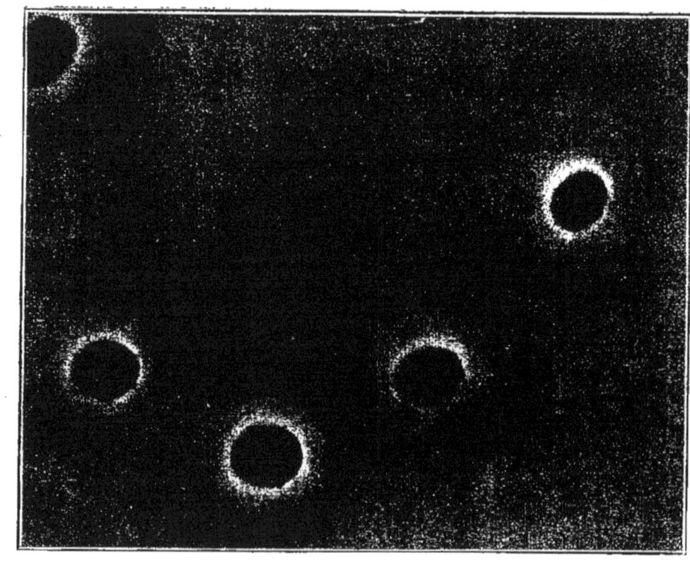

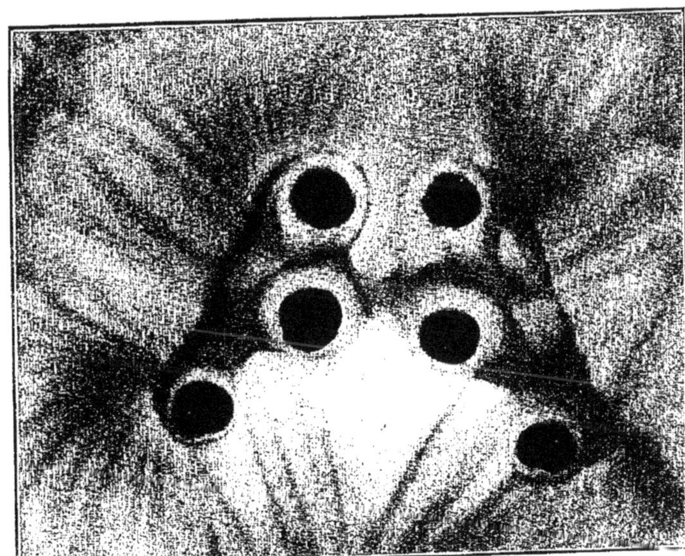

Fig. 3. — Epreuve sur côté gélatine obtenue par apposition de trois doigts de la main droite et trois doigts de la main gauche du même opérateur. Les lignes radiantes paraissent se repousser. — Comparer cette figure avec la figure 28. (Pose 19 minutes, cliché C. Chaigneau).

1º De se mettre à l'abri de toutes les causes d'erreur autant que possible ;

2º Quand on a constaté un fait, de ne bâtir une hypothèse que si toutes les données scientifiquement démontrées ne peuvent en donner l'explication. Or, il fut parlé d'Od, de force neurique, d'homme lumineux, de fluide des magnétiseurs, autant d'hypothèses pour expliquer la réduction du gélatino-bromure d'argent, alors qu'on n'a pas répondu aux questions suivantes :

1º L'agent réducteur ne serait-il pas contenu dans la peau des doigts ?

2º Ne serait-ce pas la sueur ou une substance appliquée sur la peau ? — matières organiques, métalliques, corps gras, etc...

3º La même impression se produirait-elle si le bain révélateur était agité pendant toute la durée de l'expérience ?

4º Cette action ne se produit-elle qu'avec les sels métalliques réduits par la lumière ?

5º De quelle manière se comportent les différents sels métalliques dans des conditions identiques ?

Les objections du physicien
M. Adrien Guébhart.

Après que le docteur Luys eut publié ses travaux
et après sa communication à l'Académie des Sciences,
un physicien, M. Adrien Guébhart, fit ce que nous
pourrions appeler une contre-communication à la
Société de Physique et exposa que les « prétendus »
enregistrements d'effluves du docteur Luys n'étaient
autres que des accidents photographiques qu'il expli-
quait à sa façon. Il prétendait en outre que des effets
identiques aux épreuves du docteur Luys pouvaient
être obtenus en plaçant, sur une plaque sensible,
plongée dans un bain révélateur trouble et abandonné
au repos, des objets les plus divers, aussi bien inertes
que vivants : doigts de la main, doigts de gant bour-
rés de grenaille de plomb, flacons de formes variées,
voire bouts de bougie.

Le résultat d'une semblable opération donnait lieu
à l'apparition d'auréoles autour de l'empreinte de
l'objet, comme celle de lignes de flux paraissant en
émaner, et ceci était, selon M. Guébhard, unique-

ment dépendant des conditions physiques de l'expérience.

C'était encore, toujours selon le même opérateur, un mode particulier de groupement moléculaire interne se montrant dans tous les liquides troubles abandonnés au repos, sous faible épaisseur; et il précisait : « C'est une sorte de cloisonnement cellulaire et réticulé, puis de schistation canaliculée ou de stratifications verticales, qui, l'une et l'autre suivent les directions et, par conséquent, peuvent enregistrer les images des lignes soit de flux, soit d'égale pression des dernières agitations tourbillonnaires du liquide ».

Cette façon d'envisager et d'exposer le problème déchaîna une polémique à cela juste courtoise et quelque peu envenimée entre M. Guébhart et un chef de laboratoire de radiographie, M. Brandt. Ce dernier démontra que des expériences avaient été faites de telle manière que toutes les chances d'erreur dussent être écartées, en opérant dans des liquides absolument propres et filtrés, tels qu'on les emploie en usage courant pour des travaux délicats tels que ceux de la radiographie, ces liquides ou ces bains ne donnent jamais ni moutonnement, ni zébrures, même au repos le plus absolu.

Les hypothèses du physicien Guébhart n'avaient dont que peu de consistance devant les résultats obtenus. Le point à retenir, l'objection la plus plausible est, nous l'avons déjà vu, et nous en reparlerons encore, celle de la chaleur. En effet, si on peut contourner cette hypothèse, il n'est pas possible de l'éliminer complètement, la chose est entendue et il ne pourrait facilement en être autrement si tant il est vrai que la force « odique » radiante, que le rayonnement humain est adéquat à l'intensité de la vitalité humaine. L'une ne va pas sans l'autre : chaleur et vitalité, vitalité et chaleur. Mais il faut cependant remarquer qu'une même source de chaleur représentée, par exemple, par une main de caoutchouc dans laquelle passe un courant d'eau à la température du corps humain, ne donne pas les mêmes résultats.

Nous pourrions dire encore qu'en expérimentation magnétique, lorsque l'on cherche à influencer un sujet, en se plaçant dans les conditions scientifiques requises et en dehors de toute emprise de suggestion, alors même qu'il s'agit d'un sujet avec lequel on a l'habitude de travailler, si l'opérateur a les mains froides il endormira beaucoup plus difficilement son sujet que si ses mains sont à température normale.

Ce n'est pourtant pas la chaleur qui endort, puisque ce résultat peut être obtenu à 0.50 et même derrière un paravent ou un mur.

En résumé donc : il est bien évident que le facteur chaleur entre pour une large part dans le résultat photographique des effluves, mais il n'est pas le seul et sa mise en valeur ne peut suffire et ne donnera pas l'explication des larges radiations obtenues en opérant sur le côté verre de la plaque sensible, ainsi que nous le verrons faire dans un chapitre suivant. Et, quoique les objections de M. Guébhart soient à prendre en considération, il apparaît nettement que ce dernier était de parti pris, aussi ne perdrons nous pas notre temps à discuter plus avant ses hypothèses.

*Comment on obvie aux principales objec-
tions soulevées contre le procédé d'expérimentation côté gélatine.*

Un chercheur des plus consciencieux, aussi consciencieux qu'il est modeste, M. Camille Chaigneau,
après avoir expérimenté avec le procédé employé
par le docteur Luys et le commandant Darget (1);
c'est-à-dire en agissant directement sur le côté de
l'émulsion au gélatino-bromure d'argent, la plaque
étant plongée dans le liquide révélateur, et après
avoir analysé, les unes après les autres, toutes les
objections précédemment soulevées, imagina différents petits dispositifs lui permettant d'agir côté
gélatine toujours, mais sans avoir cette fois à toucher directement celle-ci.

Dans le n° 9 de la revue *l'Humanité Intégrale*,
novembre 1897, qu'il dirigeait à ce moment, M. Camille Chaigneau s'exprime ainsi :

« Parmi toutes les suppositions qui furent émises
contre la théorie des effluves, celle de la chaleur est

(1) A cette époque, le commandant Darget, encore en activité,
signait ses travaux de l'anagramme Tégrad.

la seule qui fasse front à une expérimentation
sérieuse; l'explication par les « lignes nodales » ne
tient guère devant le retournement — gélatine en
dessous — d'une plaque 9×12 dans une cuvette de
dimensions à peine plus grandes, de même, l'action
supposée des matières organiques de la peau ne
résiste pas quand on opère ainsi avec la plaque
retournée.

Voici donc ce que j'imaginai. Je dépouillai de sa
gélatine une plaque mince $6\ 1/2 \times 9$; puis, ayant
découpé quatre demi-rondelles dans un bouchon de
liège, je pratiquai dans chacune d'elles une fente
horizontale à 2 millimètres de la base, et j'y insérai
les angles de la lame de verre devenue transparente,
de façon à la munir de quatre pieds. Ensuite je la
disposai sur une plaque sensible 9×12 dont la gélatine était en-dessus, et sur laquelle j'avais préalablement versé le révélateur. La pose fut de **15 minutes**
environ, avec quatre doigts de la main droite; et,
malgré la double interposition du verre et du liquide,
il se produisit une image assez nette en regard des
extrémités des doigts.

Sur le positif nous remarquons : partie blanche
centrale, cerne noir, puis auréole. (Voir fig. 4).

Toutefois je n'étais pas satisfait de l'interposition
de cette lame de verre, bien qu'elle fut indépendante
de la couche sensible et ne donnât point de craquelé
— ce qui, entre parenthèses, semblait confirmer
l'hypothèse de l'inégale dilatation, relativement au
dit craquelé. — Je me préoccupai donc d'approcher

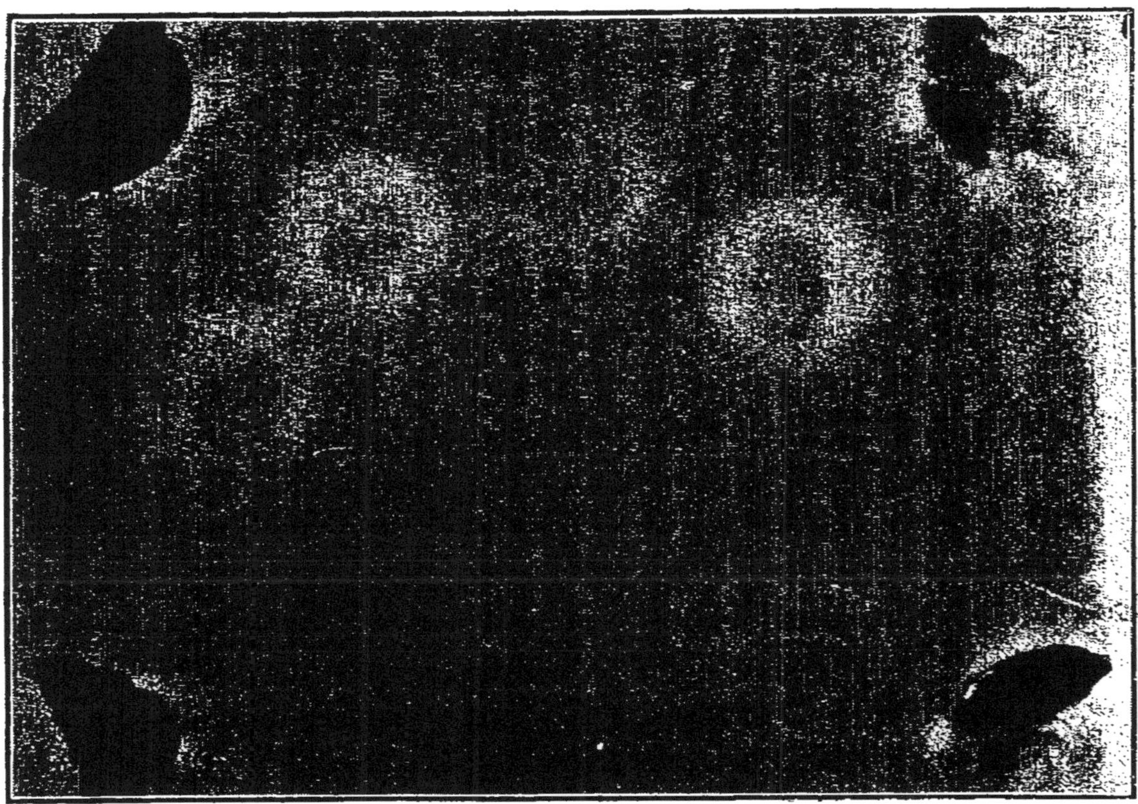

Fig. 4. — Épreuve obtenue avec interposition d'une plaque de verre éloignée de la surface sensible par 4 demi-rondelles de liège de 2 millimètres de hauteur. La présence des doigts est nettement indiquée. Temps de pose 15 minutes. (Cliché Camille Chaigneau).

mes doigts de la gélatine sans la toucher et sans autre interposition que celle d'une mince couche de liquide.

Voici, à cet effet, le petit appareil que je fus amené à construire.

Sur une planchette de 5 millimètres d'épaisseur et de la grandeur d'une plaque 9×12, je posai mes

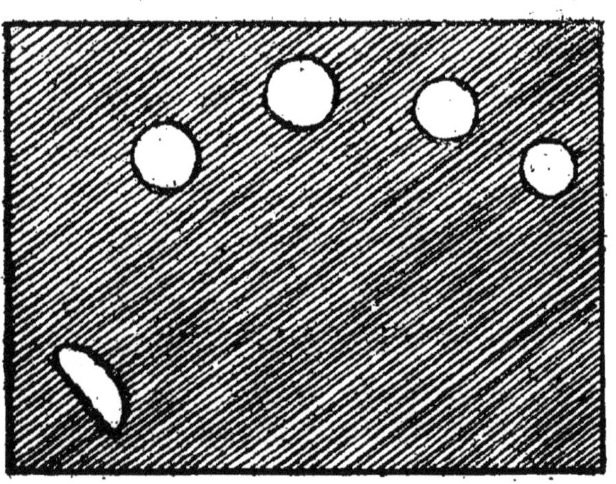

Fig. 5. — Palmette isolatrice, en bois.

doigts à l'aise et je traçai avec un crayon le contour de leurs extrémités; d'après ces données, je découpai des trous que j'évasai ensuite à la lime pour pouvoir bien y appliquer la pulpe des doigts, de façon que ceux-ci fissent une légère saillie en-dessous, tout en étant bien soutenus, les ongles butant contre le biseau antérieur. La figure ci-contre — voir figure 5 — représente sommairement la face supérieure de ce petit appareil, auquel j'ai pris l'habitude de

donner le nom de palmette, pour éviter les péri-
phrases.

La face intérieure fut munie, aux angles, de 4 pieds
de 3 millimètres d'épaisseur, afin d'empêcher le contact des doigts avec la surface sensible et de laisser,
entre celle-ci et la planchette, un espace pour le
liquide révélateur. Les premiers résultats furent peu
accentués, les trous se trouvant trop petits. Mais,
quand toutes les conditions furent à point, comme
grandeur de trous, comme force de révélateur et
comme temps de pose, j'obtins, en face des doigts,
des graphies d'un type très accentué et que l'on
peut considérer comme constant dans sa disposition.
Sur positif : centre blanc, puis zone obscure, puis
orbe lumineux, généralement assez régulier, parfois
projetant des radiations très particulières. Temps de
pose de 25 à 30 minutes, avec révélateur mitigé.

Depuis lors, le 6 octobre, opérant à côté du commandant Tégrad, j'ai eu un cliché très vigoureux, de
même type fondamental, mais avec des radiations
extrêmement prolongées, en 15 minutes — bain neuf
pur —; mais je me borne à mentionner le fait, car il
nous entrainerait dans des considérations que je ne
puis aborder aujourd'hui — hypothèse d'une « induction psychique » à vérifier par les magnétiseurs sur
divers sujets — ne voulant pas m'écarter des limites
de l'ordre primaire que je me suis assignées pour
cette fois.

Revenons à notre sujet. Mon premier cliché de
palmette bien caractérisé date du 20 août. Celui dont

Fig. 6. — Epreuve obtenue par M. C. Chaigneau en interposant, entre la plaque sensible, côté de l'émulsion, et la main, une planchette de bois percée de cinq trous permettant le passage de la face interne des extrémités digitales. On remarque, à gauche, un point fusant très intense résultant de l'action de l'index de la main droite (l'image étant inversée par l'épreuve positive). Pose 25 minutes environ. — Cette figure doit être regardée dans le sens de la largeur, les points lumineux occupant la partie supérieure.

l'épreuve est reproduite ici (fig. 6) est du 7 septembre; on y rencontre les deux types d'orbe régulier et d'orbe avec projections.

Nous essaierons tout à l'heure une interprétation de ces figures.

Terminons d'abord, à grands traits, notre série expérimentale, qui a pour but, avant tout autre problème, de contrôler l'origine — spécialement digitale ou non — des images en cause.

Mais avant d'aller plus loin, il faut reconnaître un fait : c'est qu'il est bien difficile d'éliminer complètement le calorique comme facteur de ces expériences. A un certain moment j'ai crû pouvoir y réussir par un argument théorique. En effet, si l'on jette les yeux sur le croquis ci-dessous (fig. 7) sommairement tracé d'après les éléments essentiels d'un schéma de *l'Unité des Forces physiques* de Secchi, on voit que la région des rayons calorifiques AC et la région des rayons chimiques GI n'ont qu'une partie commune, G C., laquelle fait partie également de la région lumineuse D F. Donc, théoriquement, des rayons calorifiques ne peuvent être chimiques et par conséquent ne peuvent agir photographiquement qu'à la condition d'être en même temps des rayons lumineux, et même des rayons lumineux d'au-delà du point G. Or, comme nous opérons dans une presque obscurité, tout au plus à une faible lumière rouge ; comme, avec la palmette particulièrement, la plaque, entièrement recouverte, est plongée dans l'ombre, il ne saurait être question des rayons lumineux de la région G.C. Par conséquent les rayons chimiques qui agissent là ne peuvent avoir rien de commun avec

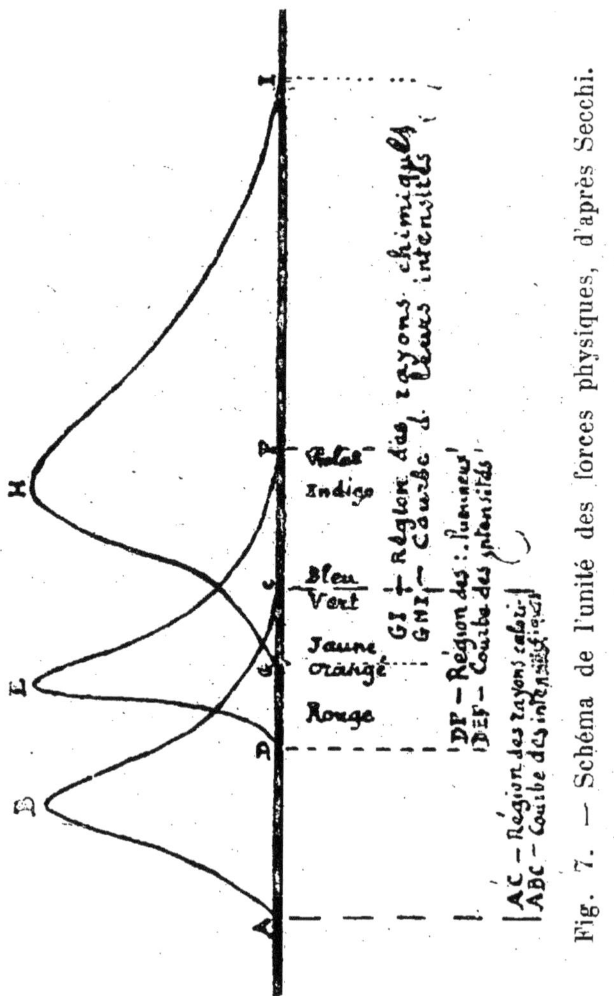

Fig. 7. — Schéma de l'unité des forces physiques, d'après Secchi.

des rayons calorifiques. Donc, dans ces expériences, la chaleur n'a pas d'action sur les plaques.

Telle s'offre, déductivement, la théorie; et, de fait, elle semble vraie pour les plaques sèches. Seulement. comme la science expérimentale est surtout matière inductive, il se trouve que la théorie a tort dans le cas du procédé Gustave Lebon et que les faits alors ne se privent pas de l'infirmer. Ou bien, si la théorie n'a pas tort, c'est que nous sommes portés à mal l'interpréter... »

Les travaux de M. Camille Chaigneau sur cette question de la photographie des effluves ont été si profondément étudiés et si savamment conduits que nous n'hésitons pas à les publier dans leur presque intégrité, nous nous excusons auprès du lecteur de ces longues citations, mais vraiment comme on ne saurait mieux faire, nous ne croyons pas qu'il soit déplacé d'en parler abondamment.

M. Chaigneau poursuit donc : « Une objection s'est présentée à mon esprit au sujet de mes expériences avec la palmette. Ne pourrait-on, à la rigueur, attribuer la graphie obtenue à des maxima et des minima de chaleur — chaleur au centre, vu la proximité du bout du doigt; moindre chaleur autour, ou se rencontre un vide, un fossé circulaire, entre le centre proéminent du doigt et le centre du trou, le bois accumulant la chaleur du doigt? — Ceci me donna l'idée d'un autre appareil, ou l'on appuierait les doigts sur un grillage, la pulpe dans les espaces libres. Je me suis dit : Si l'expérience réussit avec le grillage, elle écartera l'hypothèse ci-dessus en supprimant la zone supposée de condensation de la chaleur dans le bois; la substance du support sera réduite à une ténuité de surface qui la rendra presque négligeable à ce point de vue; de plus, elle sera en métal, matière conductrice, donc non condensatrice de la chaleur.

Comme réalisation; après avoir évidé une planchette de 6 millimètres d'épaisseur, et après avoir ainsi pratiqué un vide qui serait rectangulaire s'il n'avait été ménagé des pans coupés pour appuyer sur les coins de la plaque, je clouai sur les bords de la face supérieure un grillage hexagonal de fil de fer galvanisé ; les hexagones étant d'environ 18 milli-

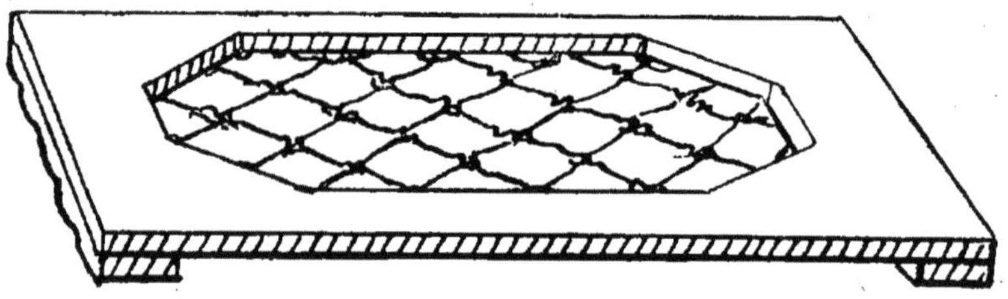

Fig. 8. — Grillage isolateur.

mètres dans leur petite dimension, — diamètre de la circonférence inscrite.

Avec cet appareil, je fis une expérience le 13 septembre : 25 minutes de pose, bain neuf légèrement additionné de bain vieux; tous les doigts de la main droite, moins le pouce. — Résultat : Même distribution des ombres et des lumières qu'avec la palmette ; seulement, la zone lumineuse extérieure est plus large — ce qui s'explique si l'on se dit que la radiation s'étend plus librement, n'étant pas interceptée par le bois; s'il ne s'agissait que de la chaleur physique, pourrait-on comprendre la nette perma-

nence de cette zone, malgré la dispersion probable
de la simple chaleur dans le réseau métallique? Quoi
qu'il en soit, chaleur physique ou facteur quelconque,
le type de l'image dans les expériences avec la palmette ne dépendait pas de la constitution spéciale
de cet appareil; ce qui était, pour le moment, le
point à élucider. Remarquez les ombres du grillage.
La lanterne rouge, mèche très baissée, tournait le
dos à la plaque. Il n'y avait donc dans le cabinet
noir qu'une lueur rouge très faible et extrêmement
diffuse; la plaque a l'abri de tout rayonnement direct,
était presque dans l'ombre. D'ailleurs, celle-ci eut-
elle pu être impressionnée tant soit peu du fait de
la lanterne, elle eut enregistré, avant tout, l'ombre
des doigts, et n'eut certainement pas donné l'ombre
du grillage dans les parties où celui-ci était masqué
par les doigts. Or, il n'y a pas d'ombre des doigts,
et il y a l'ombre du grillage partout. Celle-ci ne pro-
vient donc pas de la lanterne, mais d'autre chose, et
cet « autre chose » était tel que les doigts ne formaient
pas écran; donc, cet « autre chose » provenait des
doigts eux-mêmes ».

On voit par cet exposé avec quelle méthode, avec
quel esprit de critique et d'analyse M. Chaigneau
opérait, mais laissons-le continuer, sa parole est
autorisée en cette matière.

« La place me manque, poursuivait M. Chaigneau
dans son *Humanité Intégrale* de novembre 1897, pour
parler des autres clichés obtenus avec le grillage;
mais je constatai toujours le type déjà décrit :

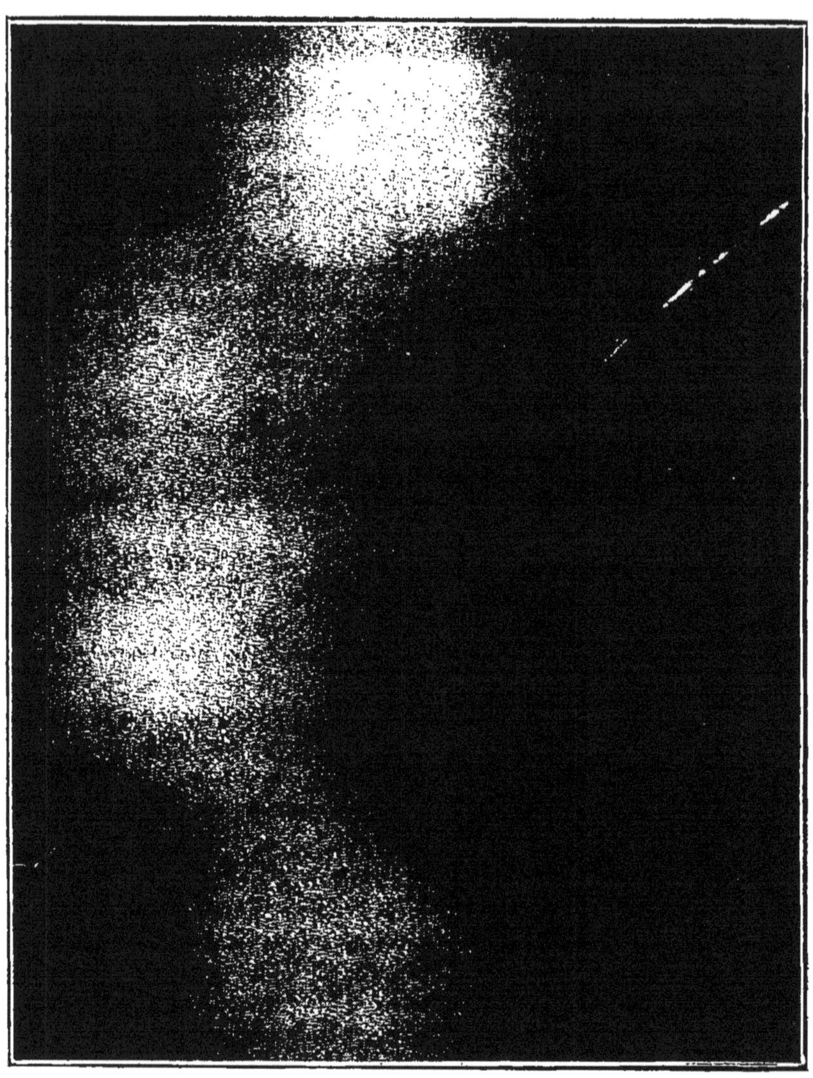

Fig. 9. — Epreuve obtenue par M. Camille Chaigneau, en interposant, entre la plaque sensible et la main, un grillage sur lequel reposaient les doigts. Le grillage était isolé de la surface sensible de 6 millimètres et il ne pouvait plier sous la pression des doigts, solidement fixé qu'il était sur son cadre de bois, et cependant les hexagones ont laissé leur image. Epreuve en faveur d'une luminosité due à la présence des extrémités digitales — temps de pose : 25 minutes.

lumière centrale, cerne obscur, zone extérieure lumineuse ou luminoïde si l'on préfère. »

Puis plus loin encore il ajoute :

« L'expérience avec le grillage dans laquelle la

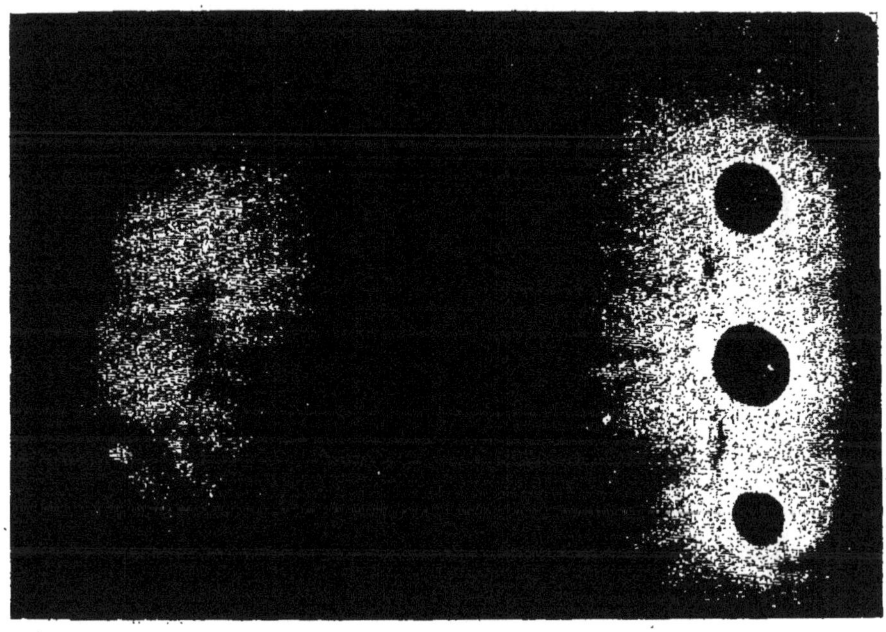

Fig. 10. Epreuve obtenue par apposition de trois doigts sur gélatine — côté des petits disques noirs — et trois doigts de l'autre main séparé de la surface sensible par une grille — côté gauche de l'épreuve. — Les effluves s'attirent. — (Collection Darget).

qualité calori-conductrice des métaux constitue un élément, mais accessoire, m'a conduit à en instituer une autre en la basant surtout sur cette propriété. On connaît le principe de la lampe des mineurs : absorption de la chaleur par les toiles métalliques. C'est ce principe que j'ai essayé d'appliquer. Je dis « essayé », car je ne suis pas sûr que ma toile métallique fut assez fine et serrée pour une épreuve concluante. Je mentionne néanmoins ma tentative, parce que, de toute façon, elle offre une variante d'expérimentation, et qu'elle pourrait peut-être répondre à des objections qui m'échappent, si le lecteur en avait conçu au sujet du grillage.

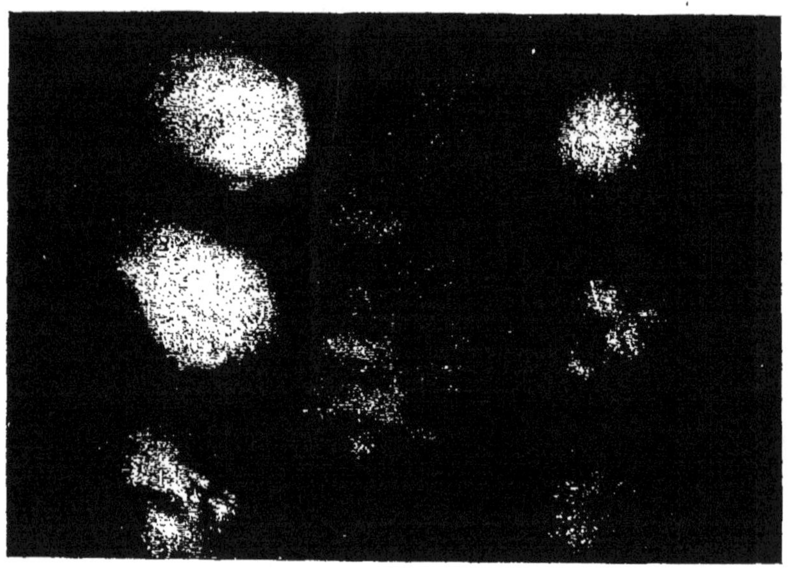

Fig. 11. — Epreuve obtenue par le médium Fouquet après 20 minutes de pose, les doigts, trois de chaque main, isolés de l'émulsion par une grille. (Collection Darget).

Dans un cadre sommaire, formé de quatre petites bandes de bois, — 2 inférieures dans la grande dimension, 2 supérieures dans la petite — j'ai inséré une toile de fil de fer galvanisé, qu'on aura définie en disant qu'elle offre 19 quadrillés par 3 centimètres courant, soit 361 quadrillés par carré de 3 centimètres de côté. — Sur cette toile, bien tendue, et séparée de la surface sensible par l'épaisseur des bandes inférieures, — 3 mm. 1/2, — je posai tous les doigts de la main droite, moins le petit doigt. Bain mitigé; 35 minutes de pose; lanterne rouge retournée, mèche baissée. — Résultat : toujours même disposition typique des lumières et des ombres, mais un peu déformée; on dirait des fleurs. »

Ces différentes considérations, sa méthode opératoire toute spéciale et les résultats qu'il en obtint, conduisirent M. Chaigneau à des déductions qui ne sont pas sans intérêt et que nous demandons encore la permission de mettre sous les yeux du lecteur :

« De ces diverses expériences il résulte que le type d'image constaté dans l'emploi de la palmette résiste aux différentes contre-épreuves, que ces éléments essentiels ne dépendent point de la constitution de l'appareil, que, par conséquent, ce sont bien les doigts eux-mêmes qui contiennent la cause dont les effets furent enregistrés par la plaque sensible.

Maintenant, quelle est cette cause? Comment se comporte-t-elle?

Sur les premiers points on ne peut faire encore que des conjectures. Sur le second point, les résultats, en raison de leur forme graphiée qui offre des caractères constants — en ce degré primaire — permettent, sinon d'arriver du premier coup à une notion indiscutable, du moins de tenter une approximation théorique quelque peu étayée par la morphologie du phénomène.

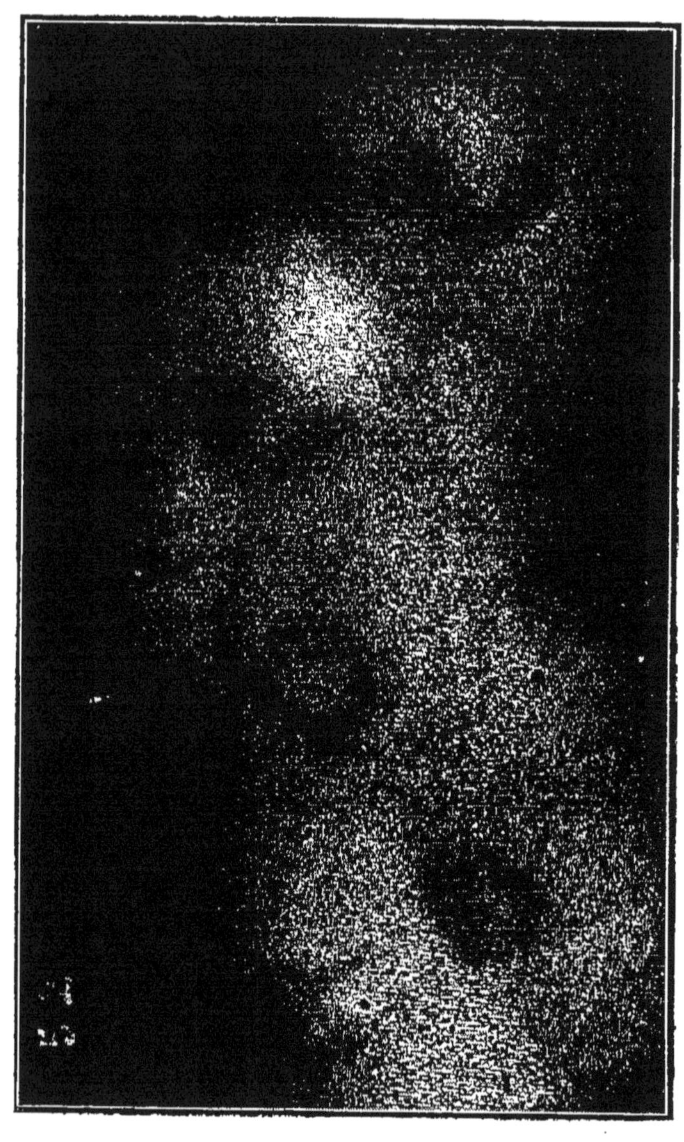

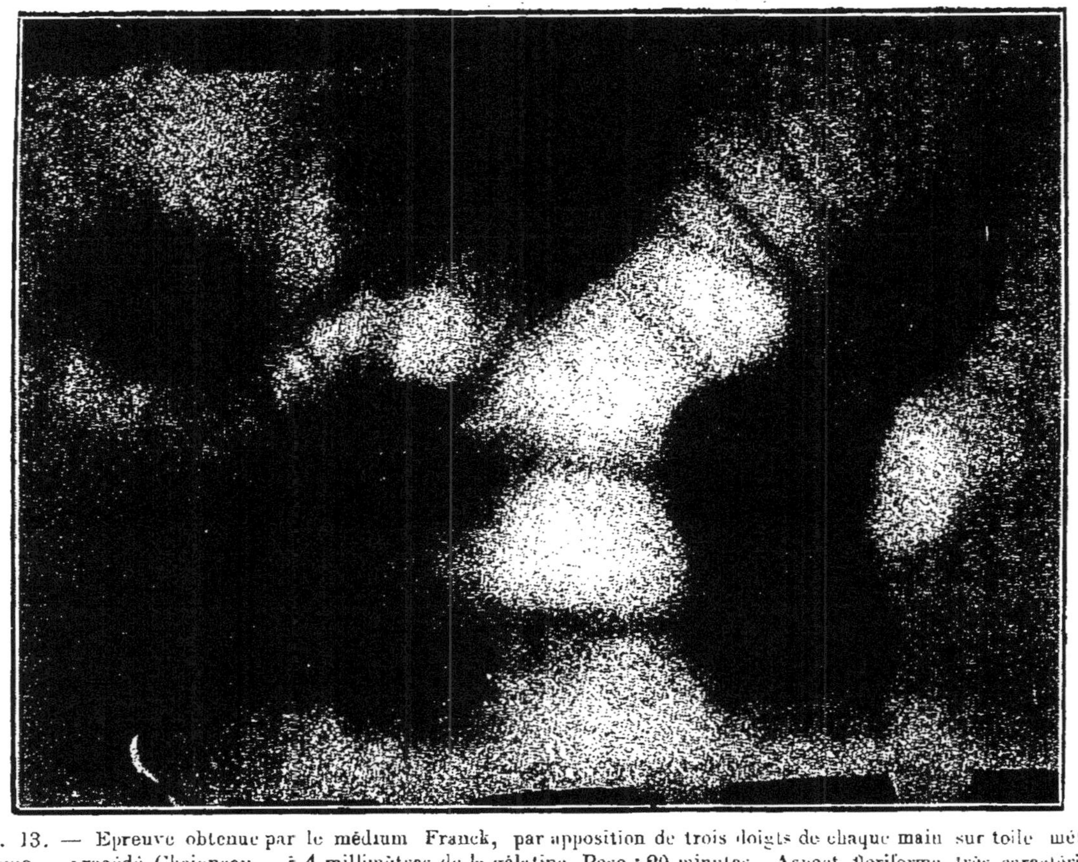

Fig. 13. — Epreuve obtenue par le médium Franck, par apposition de trois doigts de chaque main sur toile métallique — procédé Chaigneau — à 4 millimètres de la gélatine. Pose : 20 minutes. Aspect floriforme très caractérisé.

Relativement au premier point, et sous bénéfice
d'éclaircissements ultérieurs, voici ce que je suis
tenté d'admettre. Les vibrations qui agissent dans
les expériences en cause (et que, vu l'inconnu qui
les enveloppe encore, nous pourrions appeler les
vibrations Z, la lettre X étant déjà prise en radiographie), ces vibrations, dis-je, il est très difficile de
les dissocier d'avec les vibrations calorifiques. Pourtant, il n'est guère admissible que la simple chaleur
physique puisse en rendre compte. La zone obscuroïde qui s'interpose entre le noyau luminoïde et
l'auréole extérieure, luminoïde également, semble
témoigner d'une sorte d'organisation; et si chaleur
il y a, comme facteur d'action directe sur la plaque
baignée, il ne saurait être question de simple chaleur physique, à caractère amorphe, mais d'une certaine modalité calorique, influencée harmoniquement
par un agent organomorphe, d'ordre probablement
plus aigu, lequel lui transmet une forme et l'orga-
nise elle-même. Ce serait alors une espèce de chaleur
vitalisée qui serait graphiée sur la plaque. Si chaleur
il y a (en tant qu'ordre vibratoire catégorisé approxi-
mativement par les limites des 48° et 49° octaves de
l'ordre vibratoire universel (1) par rapport à la
seconde (comme unité de temps) doit opérer, dans ce

(1) Soit, grosso modo, de 140 à 160 trillions de vibrations par
seconde. Ce ne sont là que des chiffres approximatifs, mais qui
procèdent de points de repère commodes (47ᵉ et 49ᵉ puissances
de 2, en chiffres ronds de trillions); en réalité, ils sont tous deux
un peu inférieurs aux chiffres déterminés par les physiciens.
— J.-C. C.

cas, comme agent subalterne, — sous la résonnance harmonique de nombres vibratoires plus subtil, dont l'ordre et la nature restent à définir.

Mais quittons ce terrain, qui est un peu trop hypothétique, et tâchons de déterminer comment se comporte la cause, quelle qu'elle soit, qui produit les graphies en question. Lorsqu'on se reporte aux expériences relatées ci-dessus, et particulièrement celles qui furent faites avec la palmette, la première hypothèse qui s'offre est celle-ci : « Le centre de l'extrémité des doigts émet des vibrations, qui divergent en formant une sorte de tronc de cône, dont la section par la plaque enregistrante se manifeste sous la forme d'une surface circulaire, parfois elliptique; autour de ce centre, se trouve une couronne inerte qui n'émet rien, et dont la projection négative divergente laissera sur la plaque un cerne non impressionné — un cerne noir sur l'épreuve positive —; au delà, l'émission recommence, d'une manière plus ou moins régulièrement circulaire, et se projette, en s'évasant, sur la plaque, qu'elle impressionne au delà du cerne non impressionné. La figure 16 donne, en teintes positives, le schéma de cette hypothèse ; la partie supérieure en représente la coupe longitudinale, et la partie inférieure la projection sur la plaque.

Cette interprétation théorique, qui me semble la plus simple, satisfait au premier abord. Mais bientôt une difficulté surgit, si l'on examine successivement toutes les parties de l'image. Comment expliquer

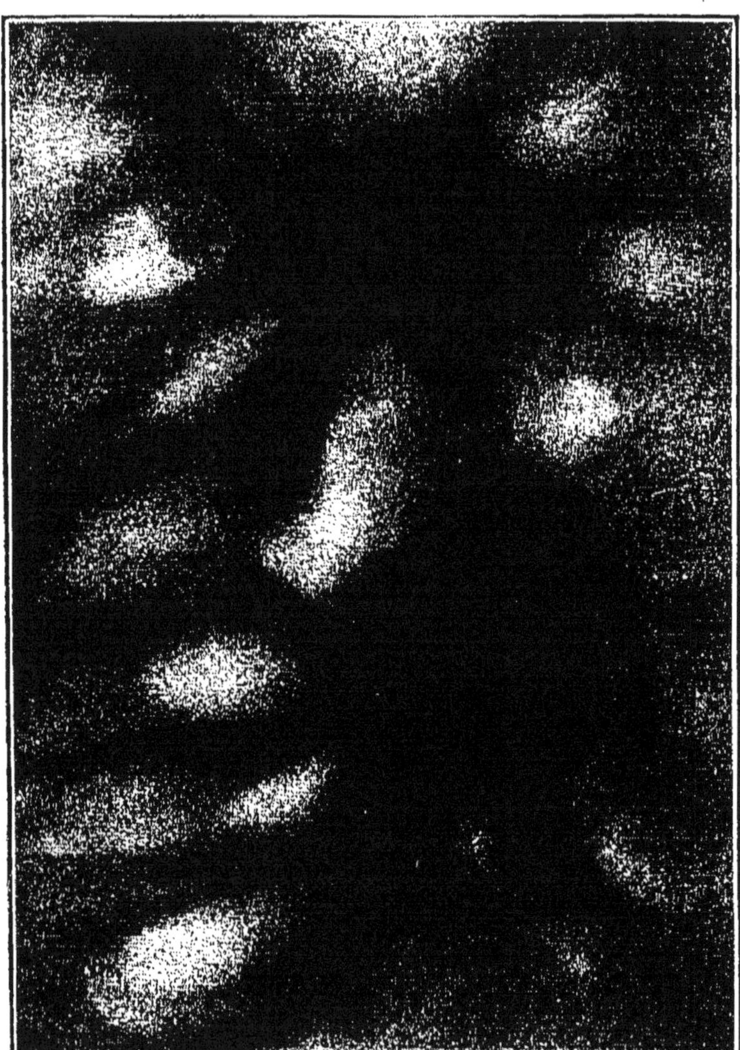

l'empreinte du pouce, qui, ainsi qu'on peut le voir,
est triple comme les autres ? Pourtant le pouce ne
se présente pas de face à la plaque, quand la main
se pose naturellement, comme c'est le cas, par
exemple, avec la palmette, se reporter à la fig. 6.

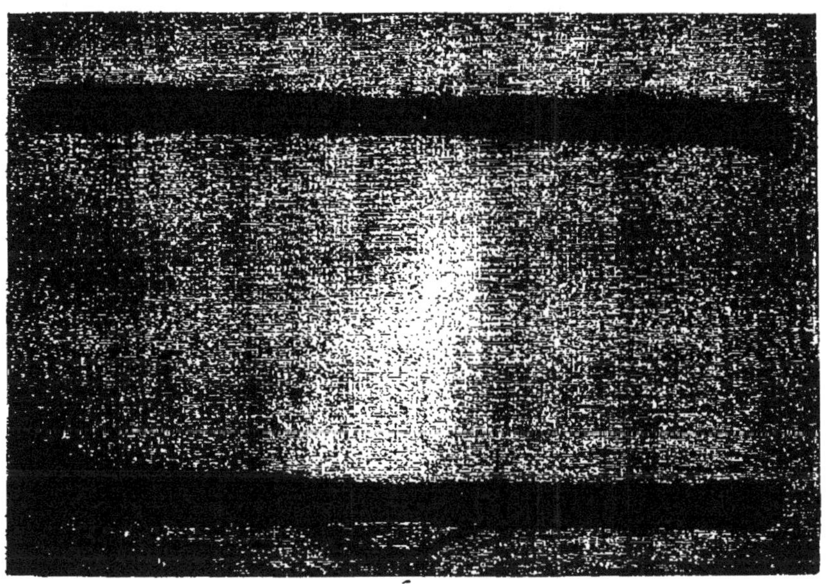

Fig. 15. — Montrant les craquelures produites par l'apposition,
sur le côté verre d'une plaque sensible, d'un flacon contenant du
mercure à la température du corps humain. Rien de ressemblant
avec l'effluviographie humaine.

Avec la théorie ci-dessus, nous devrions avoir, du
pouce, une lueur restreinte correspondant à une frac-
tion de la zone extérieure d'émission ; rien de plus ;
pas de cerne obscur, pas de lumière centrale, puisque
les parties du pouce qui sont supposées produire ces
effets ne se trouvent pas engagées dans l'ouverture
par où il leur serait possible d'agir, mais sont au

contraire disposées de côté, et, de plus, séparées de la surface sensible par la planchette opaque. Or, la graphie du pouce nous offre, elle aussi, ces éléments au complet. — Force est donc de chercher une autre interprétation, puisqu'une théorie n'a de consistance suffisante que si elle peut s'appliquer à tout l'ensemble des faits observés.

Nous verrons tout à l'heure que le principe de la précédente hypothèse n'est peut-être pas absolument faux; mais l'impérieuse nécessité de nous rendre compte de tout nous oblige à en trouver une autre qui réponde au desideratum ci-dessus exprimé. La seule autre hypothèse que j'aie pu trouver est celle-ci : « l'extrémité du doigt, agissant comme foyer vibratoire, détermine, autour de son centre fictif, une onde circulaire luminoïde, analogue de ce qui se produit autour d'un petit caillou venant frapper la surface d'une eau tranquille, voir : théorie de l'ondulation, dans les traités de physique; cette onde expansive s'arrête un instant suivant une mince zone contractile, obscuroïde en l'espèce présente ; puis elle reprend son expansion circulaire jusqu'à un nouvel arrêt, d'où elle ne pourra plus repartir, si sa force première d'expansion est épuisée ». — Pour parler plus exactement, car il s'agit ici de sphères, et non simplement de cercles, il y aurait donc autour du bout du doigt une sphère luminoïde, interceptée pourtant dans la région de l'ongle qui forme écran ; puis une mince enveloppe sphérique obscuroïde ; puis une nouvelle et large enveloppe

1. Palmette — 2. Bain révélateur — 3. Plaque photographique

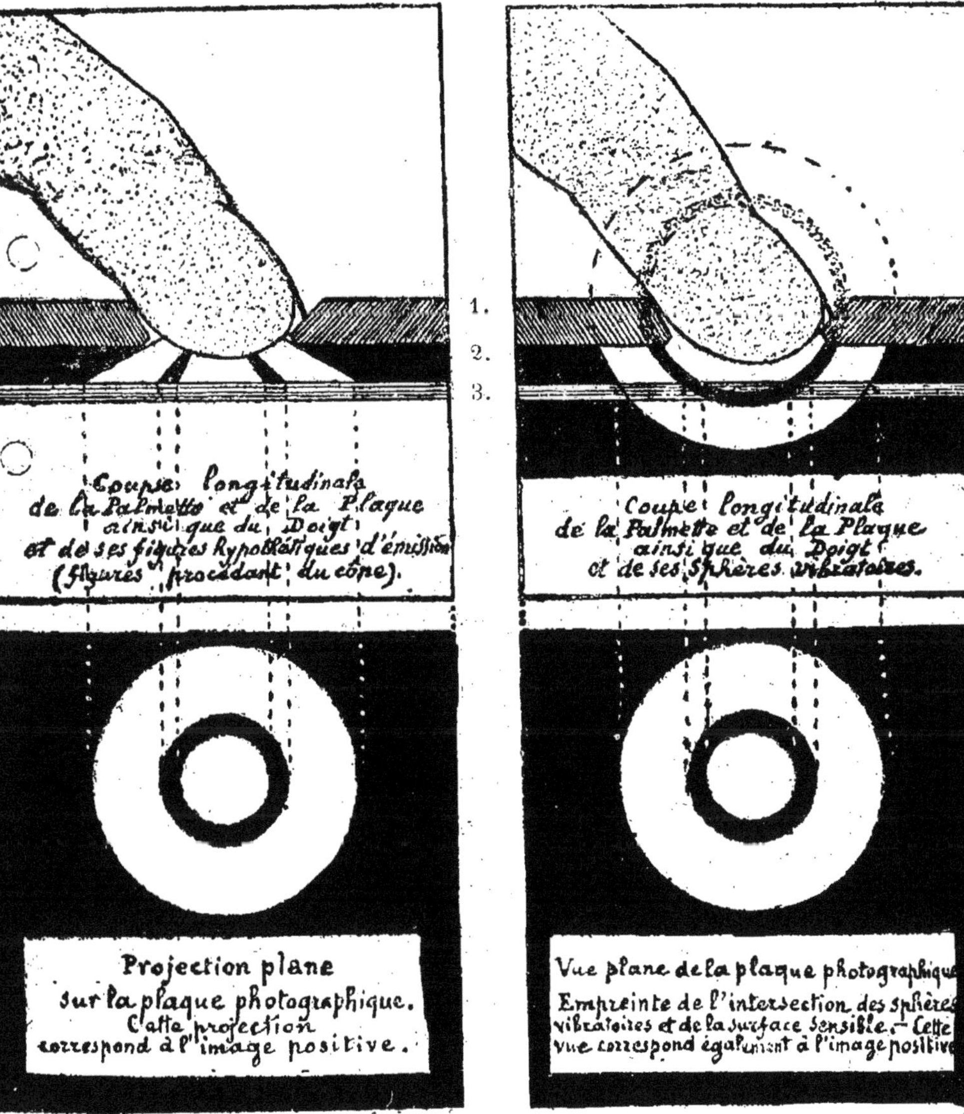

Fig. 16. — Hypothèse analogue de la
théorie de l'émission.

Fig. 17. — Hypothèse analogue de la
théorie de l'ondulation.

Les gravures 16 et 17 nous montrent une double figure comparative, quant à l'explication des résultats par deux hypothèses rappelant analogiquement les théories de l'émission et de l'ondulation.

Les deux hypothèses sauf pour le pouce sont explicatives d'un résultat identique, comme on peut le voir dans la partie inférieure de chacune des deux figures composantes.

spérique luminoïde. La section de ces trois sphères concentriques par la surface sensible (v. fig. 17) donne identiquement le même résultat que la section cônique dans la figure 16. De plus, comme elle est concevable pour toute la périphérie de chacune des extrémités digitales, la présente hypothèse ne saurait se buter à l'exception du pouce, quelle que soit la position de celui-ci. — Noter que les sphères concentriques peuvent se déformer par allongement, et donner parfois des sections ovales ; ce qui semblerait indiquer que ces sortes d'ondulations comportent une certaine souplesse.

Quand je dis « ondulations », il ne faudrait pas s'égarer sur la signification du terme. Certes, celui-ci me semble juste, puisque, de même que pour les ondes sonores et pour les ondes lumineuses (théorie de Huyghens), il repose sur l'analogie avec les ondes liquides mises en mouvement circulaire par le choc central d'un corps ; mais il faut bien spécifier que ces ondulations, appréciables à l'œil, n'ont rien de commun (sinon par analogie ou par rapport de macrocosme à microcosme) avec les ondulations élémentaires des régions de la chaleur, de la lumière et des actions chimique, lesquelles se mesurent par millionièmes de millimètre. Toutefois, ce que je crois permis de dire sans trop de fantaisie, c'est que les images en question n'en donnent pas moins, par leur aspect, le type probable du mouvement vibratoire dans ce phénomène ; c'est, donc, que celui-ci est vraisemblablement tributaire de la théorie de

l'ondulation dans ses mouvements les plus infinitésimaux ; c'est, d'autre part, que la forme graphiée,
appréciable à l'œil, reproduit sans doute, en plus
grand, le type ondulatoire infinitésimal, — ce qui
d'ailleurs suppose un agent transpositeur, une cause
organisatrice, comme il a été dit plus haut. S'il n'y
avait ici d'autre agent que la simple chaleur physique,
celle-ci ne relèverait que des ondulations infinitésimales, dont les effets graphiques ne pourraient que
se confondre pour l'œil en une résultante uniforme ;
nous n'aurions qu'une simple tache luminoïde.

Maintenant, le type ondulatoire rend-il compte de
tout ce que nous observons ? Eh bien, non : lui non
plus ne saurait donner une satisfaction complète
devant l'ensemble des documents en question. Il
suffit de se reporter à la figure 6 pour s'en convaincre. Si la graphie de l'annulaire et celle du
pouce, jusqu'à un certain point, peuvent se contenter de la théorie ondulatoire transposée, comme
il vient d'être dit, il n'en est pas de même des
autres doigts. L'index et le petit doigt semblent témoigner d'un véritable bombardement (cette particularité
est bien plus accentuée sur l'original). Sur l'image
correspondant à l'index, il y a la trace très nette
d'un faisceau oblique, dont la plus grande intensité
a été projetée jusqu'en dehors de la zone luminoïde
externe. Ici, le mouvement sphérique ne suffit plus
à l'explication de l'image entière : il n'y a plus
seulement ondulation ; il y a aussi émission. Dans
les figures 9 et 2, il en est de même ; l'orbe lumi

neux externe n'est pas complètement régulier, il s'étend plus ou moins en prolongements de radiation.

Dans la recherche théorique qui nous sollicite pour interpréter les graphies de vibrations digitales, l'émission et l'ondulation semblent donc se compléter : Huyghens n'élimine plus Newton. On verra aussi que, à mesure que les résultats tendent à sortir du 1er degré, l'émission tend à l'emporter de plus en plus sur l'ondulation. Mais n'anticipons pas. J'espérais pouvoir aborder encore quelques développements ; je vois qu'ils me conduiraient trop loin, car cet article est déjà bien long. Je reprendrai le sujet dans une prochaine étude ».

Ainsi, savamment, doctement s'exprimait, en novembre 1897, M. J. Camille Chaigneau. Son exposé de la question nous a semblé si parfait que nous avons tenu à le publier en entier. Nous ne pensons pas qu'il soit possible de dire quelque chose de mieux, de plus sensé, de plus profondément étudié et nous aimons à rendre grâce à l'auteur de ce délicat travail.

Isolement de la surface sensible par une couche d'alun. — Les expériences de M. Gabriel Delanne.

M. Gabriel Delanne, directeur de la *Revue Scientifique et morale du Spiritisme* et auteur de nombreux ouvrages sur la question spirite, cite, dans son ouvrage *Les Apparitions matérialisées des Vivants et des Morts*, tome I, page 358, quelques-unes de ses expériences personnelles sur la graphie des Rayons Humains; expériences qu'il aurait faites en 1896 et dans lesquelles la surface sensible de la plaque photographique était isolée du contact de la main par une couche d'alun d'environ 15 millimètres d'épaisseur.

Voici, du reste, comment s'exprime M. Delanne :

« Pour ces expériences il s'agissait de se placer dans des conditions telles que l'action de la chaleur fut éliminée, ou atténuée suffisamment pour qu'on ne put attribuer le résultat, s'il y en avait un, à cette cause. De plus, il ne fallait pas mettre la main sur le dos de la plaque ni même dans la cuvette qui la contenait, afin d'éviter jusqu'à la possibilité d'une explication relative à l'électricité cutanée due aux courants de Tarchanoff, aussi bien qu'à la lumière emmagasinée.

Nous avons employé deux dispositifs pour réaliser ces conditions. Il fallait trouver une solution qui absorbât les radiations calorifiques obscures, l'alun nous a paru tout indiqué pour cet office.

On sait, en effet, que si l'on expose au soleil un ballon contenant une solution concentrée d'alun, les rayons réfractés forment un foyer lumineux, comme s'ils sortaient d'une lentille de verre. Mais la presque totalité de la chaleur obscure est absorbée, car un fragment de coton-poudre reste intact au foyer éblouissant des rayons filtrés par l'alun.

Nous fîmes donc une dissolution concentrée d'alun dans une cuvette en verre, et, après évaporation du liquide, nous obtînmes une couche d'alun, d'environ 15 millimètres d'épaisseur moyenne. La plaque sensible se trouvait dans une seconde cuvette et baignée dans l'hydroquinone. En plaçant la cuvette d'alun sur celle qui contenait la plaque sensible, la main de Mme W. B... était tout à fait isolée du liquide révélateur et de la plaque, et la chaleur ne pouvait se communiquer par conductibilité du verre, car la surface palmaire de la main ne touchait que l'alun solide.

En opérant de cette façon, dans une obscurité absolue, nous avons obtenu, au bout de 30 minutes de pose, une véritable photographie de la main par effluviographie directe et de grandeur naturelle.

On peut voir, dit M. Delanne, sur la radiographie

reproduite ci-contre, — figure 18, — que le mode d'impression de la plaque n'a aucun rapport avec la photographie ordinaire, car l'énergie qui émane de la main passe directement à travers l'alun et le verre de la cuvette, sans subir de réfraction, en dessinant à peu près les contours des doigts, avec une influence plus grande dans les parties en regard des endroits ou les nerfs sont massés.

Dans une contre-épreuve, M. Delanne remplaça la main par un verre sans pied, entouré d'ouate, contenant de l'eau à la température de 40° centigrades, maintenue à ce degré par un siphonage qui l'alimentait constamment; alors même que l'expérience était prolongée pendant 35 minutes, on ne distinguait aucune action sur la plaque sensible. Une seule fois il y eut sur la plaque de légères traces de réticulation et une petite ligne droite correspondant à l'arête droite, inférieure et longitudinale de la cuvette d'alun, mais les impressions étaient si faibles qu'elles disparurent complètement dans le bain d'hyposulfite ».

Suivant l'avis d'un savant physicien, dont il ne donne pas le nom, M. Gabriel Delanne expérimenta, en interposant entre la main et la plaque sensible, un écran liquide dans lequel l'eau était sans cesse renouvelée. Dans ces conditions il est évident, dit M. Delanne, que la chaleur rayonnée par la main se trouvait emportée par l'eau à mesure qu'elle se dégageait du corps et que, de ce fait, elle ne pouvait avoir aucune action sur la plaque sensible. Et notre

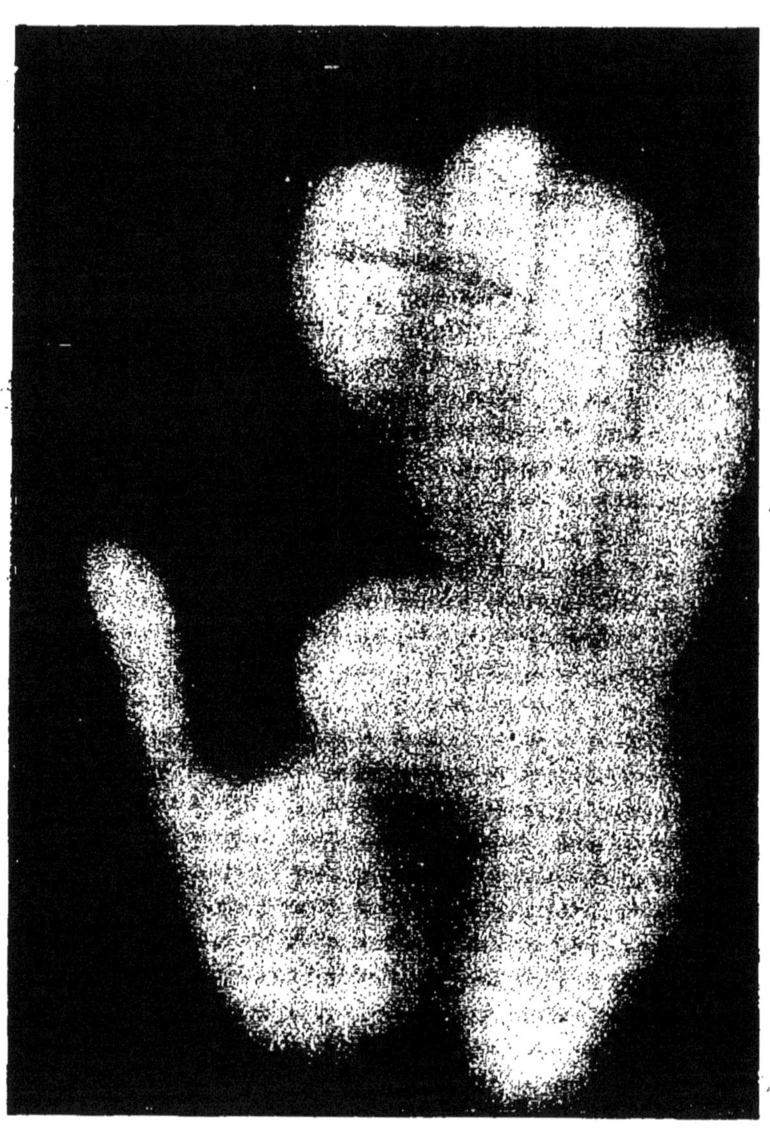

Fig. 18. — Effluviographie d'une main obtenue sans contact avec
la plaque et à travers une couche d'alun. (Collection Delanne).

expérimentateur relate de la façon suivante l'expérience qu'il fit dans ces conditions :

« Nous primes deux plaques de verre de 40 centimètres de longueur sur 30 de largeur. Puis, entre ces deux plaques, et suivant les bords longitudinaux, nous intercalâmes deux bandes de caoutchouc d'environ 1 centimètre d'épaisseur. A une des extrémités libres, nous fîmes arriver un tube de caoutchouc dont l'une des extrémités s'engageait entre les deux plaques, pendant que l'autre bout était attaché à un robinet pouvant fournir l'eau nécessaire. Les deux plaques étant solidement ligaturées, en leur donnant une position un peu inclinée, on obtenait un écran liquide; lorsque le robinet était ouvert, l'eau sortait librement par le côté opposé et se répandait dans un évier. Le débit était d'environ un litre et demi par minute. En plaçant la cuvette contenant la plaque sensible et le révélateur sous cet écran, la main était donc complètement isolée de la plaque.

De plus, pour éviter l'action possible de la lumière qui aurait pu être emmagasinée par la main, nous avions posé sur la surface supérieure de l'écran une feuille d'étain très mince qui la recouvrait entièrement. L'obscurité complète étant faite, et l'appareil disposé comme nous venons de le dire, c'est-à-dire l'écran posé sur la cuvette légèrement inclinée contenant l'hydroquinone, on glissait la plaque sensible dans cette cuvette, on ouvrait le robinet, et Mme W. B. posait pendant une demi-

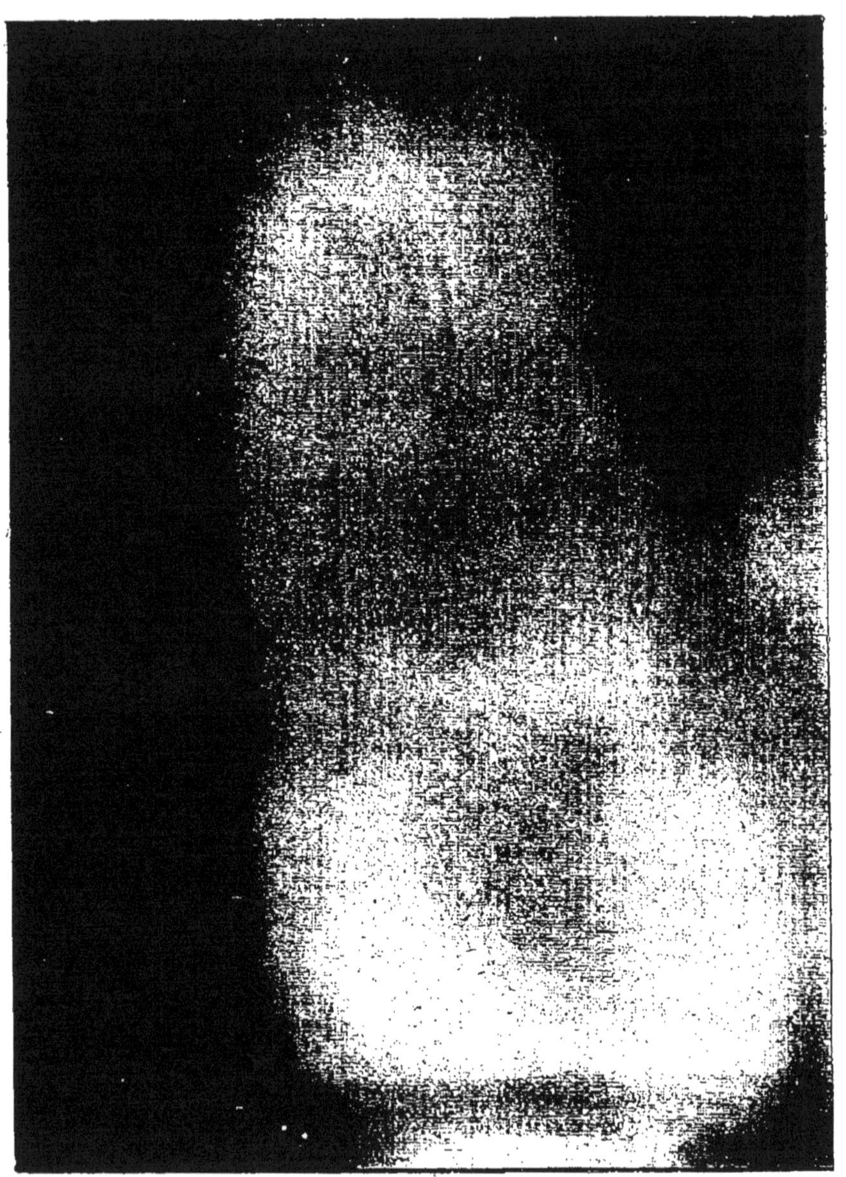

Fig. 19. — Effluviographie de main obtenue sans contact, à travers un écran liquide dont la partie supérieure était couverte par une mince feuille d'étain.

heure sa main sur la feuille d'étain qui recouvrait la partie supérieure de l'écran. »

M. Delanne obtint ainsi des graphies analogues à celles que représente la figure 19.

Une contre-épreuve fut faite avec le verre d'eau dans lequel l'eau était maintenue à la même température de 40° comme dans l'expérience précédemment décrite, et posé pendant le même temps sur l'écran d'eau courante. Cette épreuve ne donna aucun résultat.

Plus loin M. Delanne expose les difficultés qu'il y a à reproduire des épreuves de ce genre à volonté et il ajoute que tout le monde n'est pas apte à extérioriser ces effluves et que, même avec un bon sujet, on n'est jamais certain de réussir à jour fixe. Ceci montre bien, continue notre narrateur, que l'action photogénique des rayons humains est loin d'être constante, alors que la chaleur humaine, dans l'état physiologique normal, demeure toujours à peu près la même; conséquemment, si la chaleur humaine était le seul facteur entrant en jeu dans les résultats obtenus, ces derniers devraient être constants.

*Enregistrement du rayonnement humain
en agissant sur le côté verre de la plaque
sensible.*

—

Nous venons de voir, dans les chapitres précédents,
comment des expérimentateurs consciencieux étaient
parvenus à enregistrer le rayonnement humain à
l'aide de dispositifs tendant à écarter, le plus possible, l'entrée en jeu du facteur chaleur dans les
résultats obtenus. Les premières objections : lignes
nodales, action chimique due à la secrétion des pores
de la peau, ayant été éliminées dès le début.

Considérons le principe comme suffisamment
démontré et donnons la technique opératoire courante, celle que pourront employer nos lecteurs et
celle avec laquelle ils obtiendront des résultats à
peu près constants. Il est vrai que là, ils se trouveront encore en face de l'objection « chaleur », mais il
reste avéré qu'il n'est pas possible de l'éliminer
complètement, sauf dans le dispositif Delanne.

Pour impressionner la plaque sensible à l'aide des
rayons humains en opérant sur le côté verre, il faut

avoir soin d'isoler l'émulsion, qui sera tournée vers le fond de la cuvette, de tout contact, et, pour cela, il faudra fixer préalablement à chaque angle de la plaque une petite boulette de cire à modeler ou de mastic; ou bien encore disposer un petit cadre de bois muni de rondelles de liège de 2 centimètres de hauteur à chaque angle, comme dans les dispositifs Chaigneau. On peut encore employer des punaises à dessin renversées la pointe en l'air et placées aux quatre angles de la plaque. La plaque étant ensuite plongée dans le bain révélateur, on agitera bien la cuvette pour que ce dernier imprègne parfaitement toute la surface sensible et, à ce moment seulement, on appliquera doucement la main, ou simplement les doigts sur le côté verre. Une fois la position prise, on observera qu'il ne faut pas bouger la main et l'on attendra un quart d'heure, vingt minutes, en ayant la précaution d'agiter de temps à autre la cuvette pour éviter une station trop prolongée des éléments chimiques constitutifs du bain révélateur, sur un même point de la plaque sensible, et ne pas tomber de ce fait dans une des objections chères à M. Guébhart. On pourra aussi essayer de faire plusieurs plaques en variant les temps de pose de cette façon : 10 minutes d'abord pour une première plaque, puis un quart d'heure pour une seconde, puis 20 minutes et enfin une demi-heure, et si, malgré ce temps on n'obtenait rien, on pourra essayer de demeurer d'avantage.

Une fois le temps de pose déterminé, ce temps

variant avec chaque individu, on fera un cliché décisif en le menant comme une plaque photographique ordinaire, c'est-à-dire qu'au sortir du bain révélateur, on lavera soigneusement la plaque expérimentée, et on la plongera dans l'hyposulfite pour obtenir la fixation; celle-ci est chose faite, pour toutes les plaques en général, après un quart d'heure environ d'immersion. En principe, on reconnaît que la plaque est suffisamment fixée lorsque, en la regardant du côté verre, on n'aperçoit plus aucune trace de ce blanc laiteux formé par la présence du lactate d'argent. Nous disons en principe, car, bien souvent, en photographie d'effluves, il arrive que l'on ne peut faire disparaître entièrement ce blanc opalin, même en laissant séjourner la plaque pendant des heures dans l'hyposulfite. Ceci est dû à une réaction fluidico-chimique dont l'explication ne nous a pas encore été donnée.

Une recommandation importante et que nous ne passerons pas sous silence, est qu'il faut avoir le plus grand soin de faire un bon lavage entre les deux bains, le révélateur et le fixateur. Un mauvais lavage aurait le désavantage de donner naissance à des marbrures, à des colorations jaunâtres et sales qui détruiraient l'harmonie du cliché et pourraient porter à une fausse interprétation.

Les clichés obtenus sur côté verre ont, nous le répétons, l'avantage de détruire catégoriquement l'hypothèse de l'action chimique des doigts par la transpiration cutanée, et de donner des épreuves avec

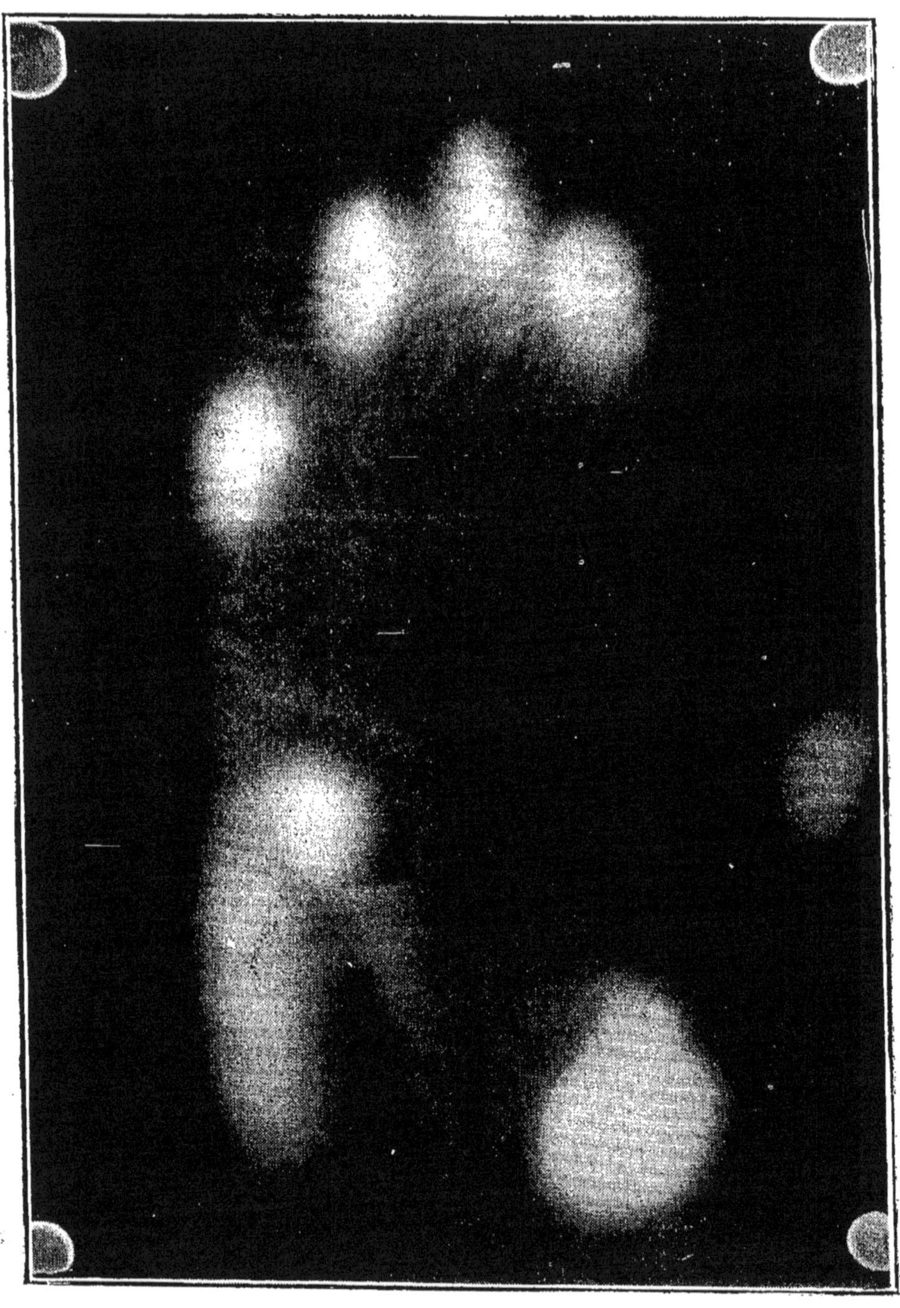

Fig. 20. — Effluves se dégageant de la main d'un magnétiseur à tempérament bilieux. Epreuve obtenue sur côté verre. Pose : 25 minutes (cliché B. Bonnet.)

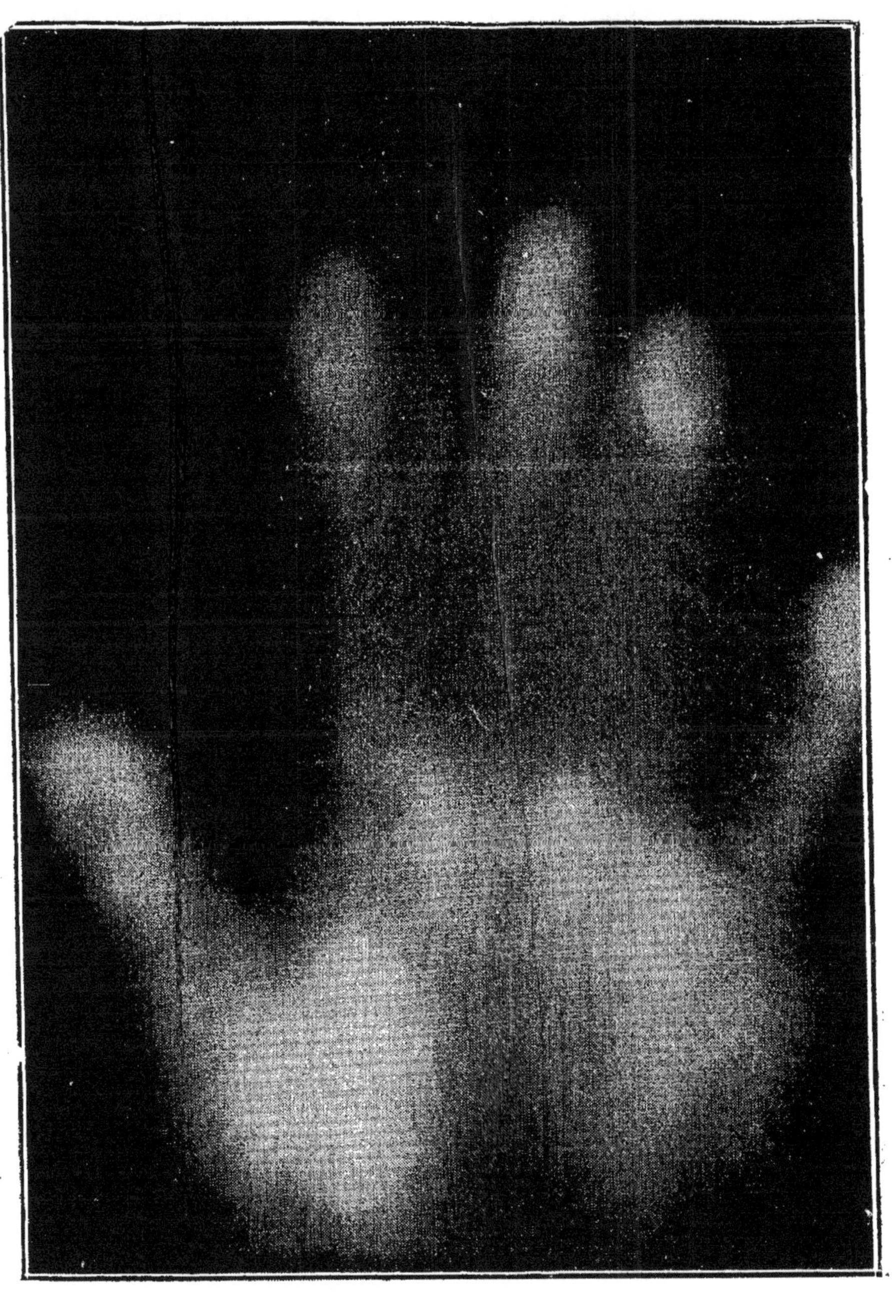

Fig. 21. — Effluves se dégageant de la main d'une femme à tempérament nerveux. Epreuve sur côté verre. (Cliché Lefranc).

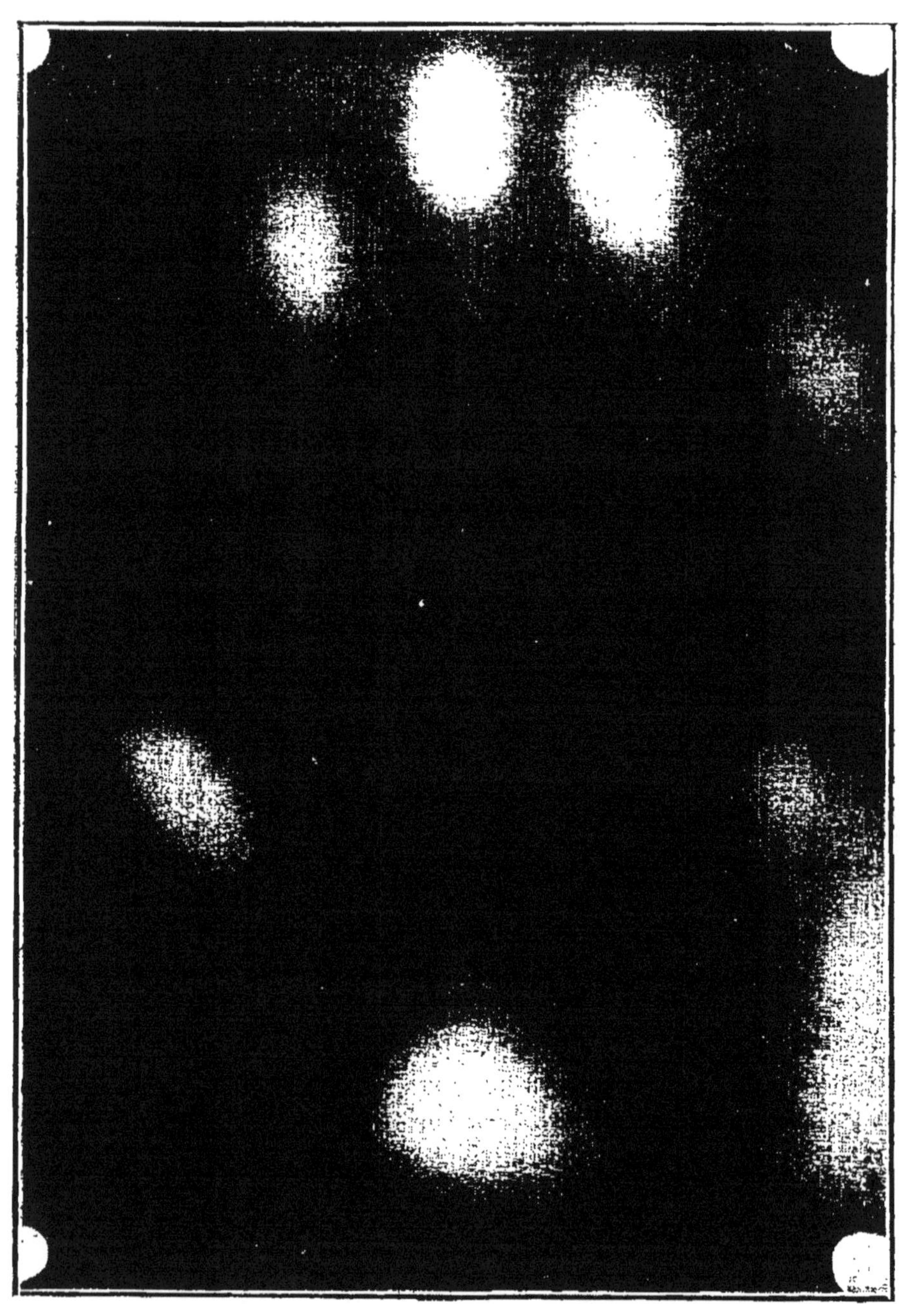

Fig. 22. — Effluves se dégageant de la main d'un magnétiseur à tempérament lymphatico-nerveux. Epreuve sur côté verre. (Cliché E. Picol).

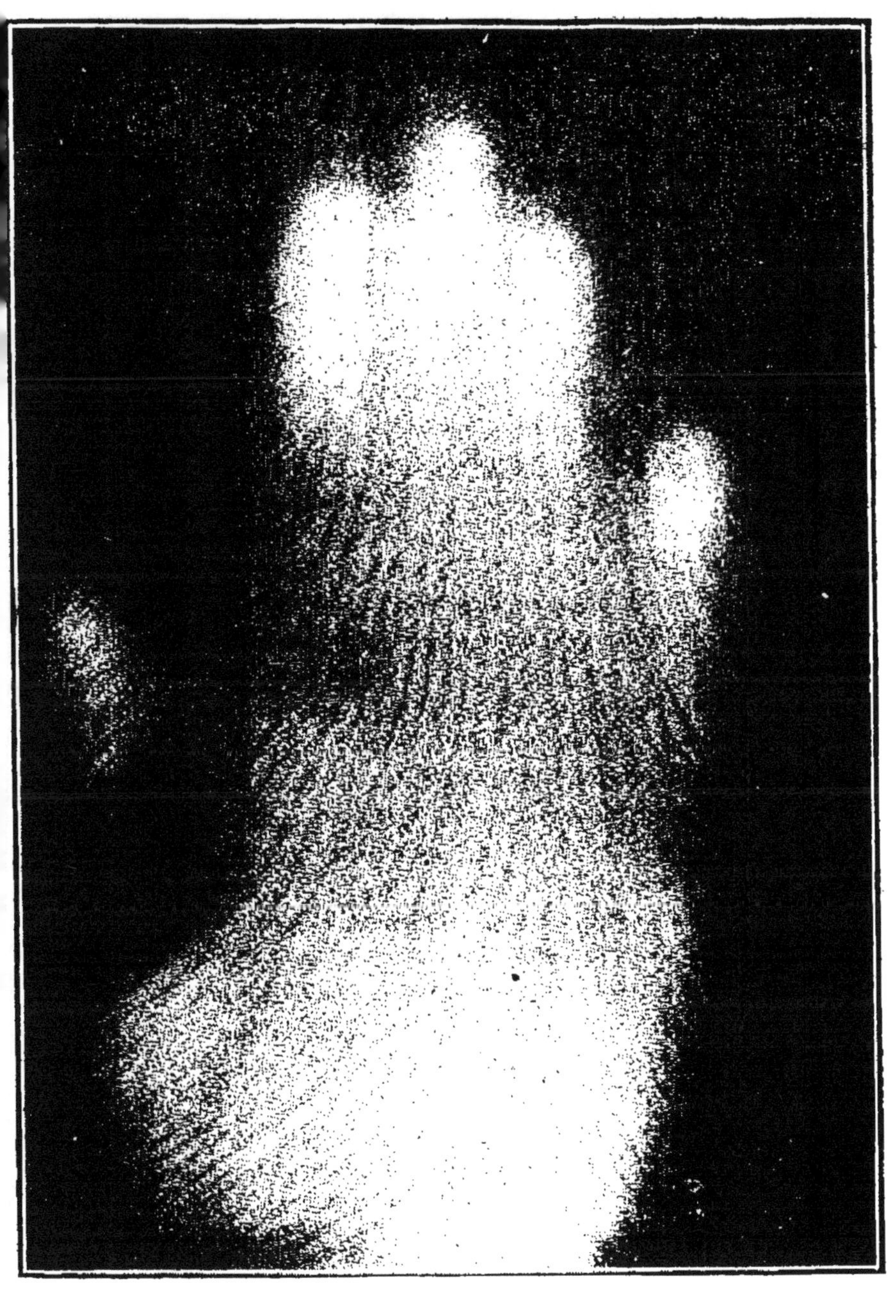

Fig. 23. — Effluves se dégageant de la main droite d'une femme à tempérament nerveux. Épreuve sur côté verre. (Cliché A. Bonnet, femme d'un magnétiseur).

Fig. 24. — Effluves se dégageant de la main d'une femme à tempérament nerveux. Même personne que figure précédente.

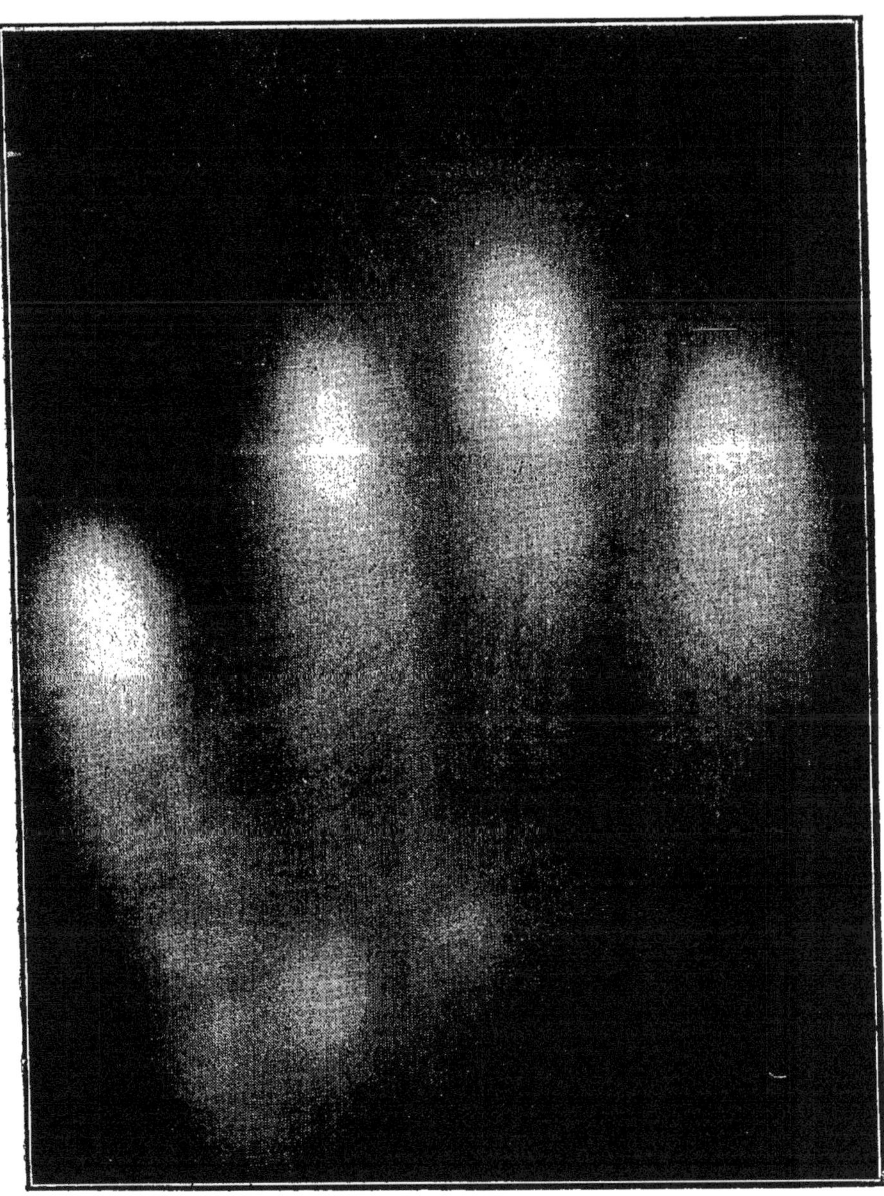

Fig. 25. — Effluves se dégageant de la main d'un magnétiseur à tempérament sanguin-nerveux. Epreuve côté verre. (Cliché L. Lefranc).

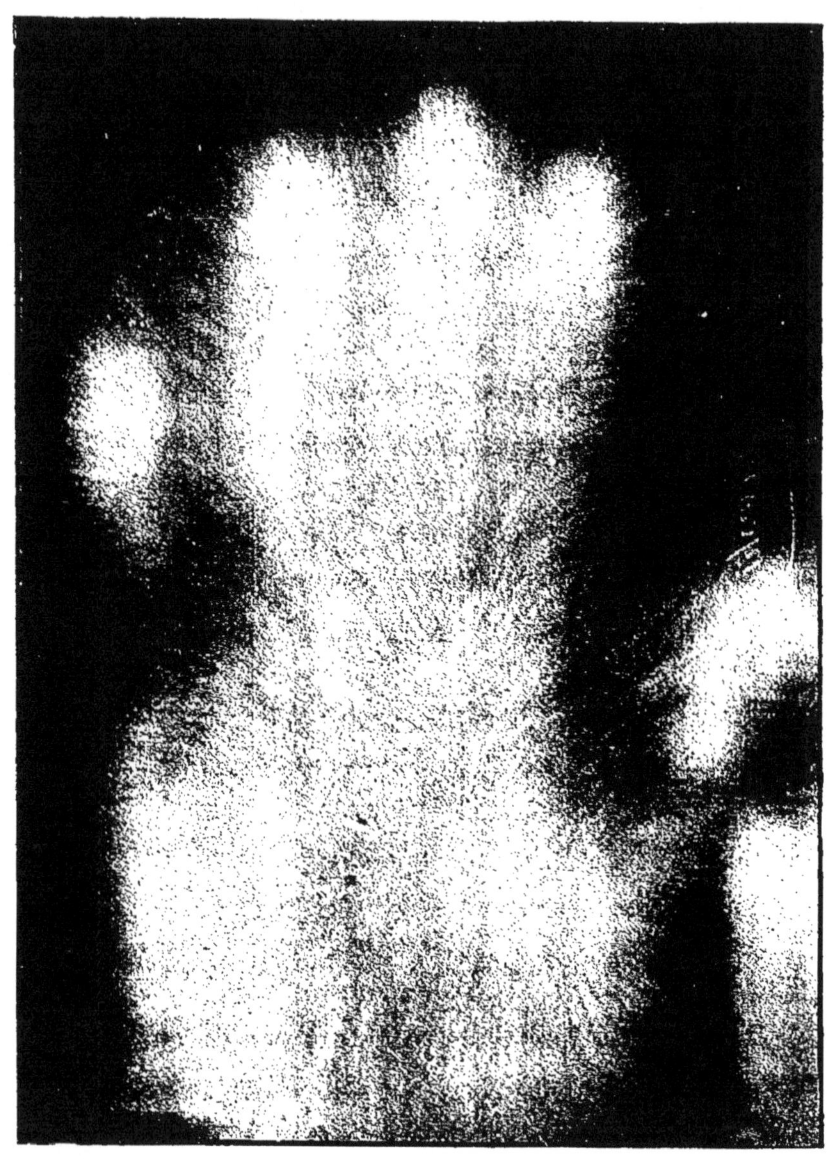

Fig. 26. — Effluves de la main d'un autre magnétiseur.
(Cliché Majewski).

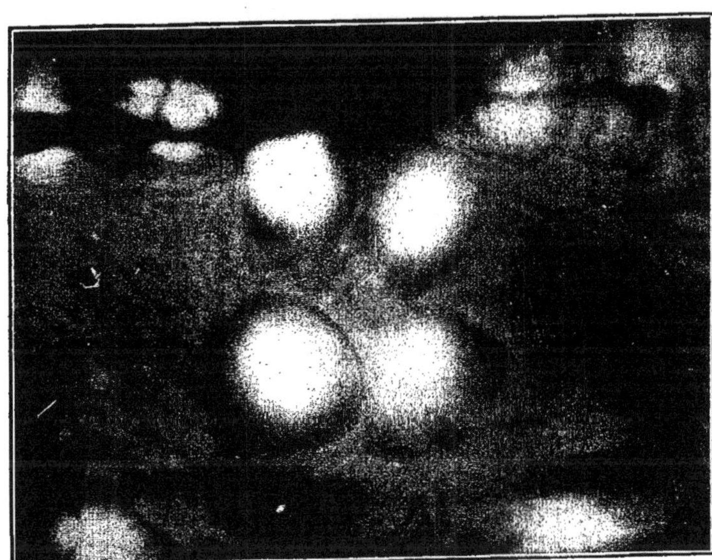

Fig. 27. — Epreuve obtenue sur côté verre par M. Camille Chaigneau, à côté du médium Franck, en appliquant les dix doigts sur la plaque. Pose : 15 minutes. En opérant seul M. Chaigneau n'obtint jamais de résultats aussi mouvementés. Epreuve en faveur de l'hypothèse d'une induction psychique.

radiations très nettement caractérisées. Radiations
ou lignes radiantes à peine décelées lorsque l'on opère
côté gélatine, arrêtées et en quelque sorte polarisées
qu'elles sont par la composition même de l'émulsion.

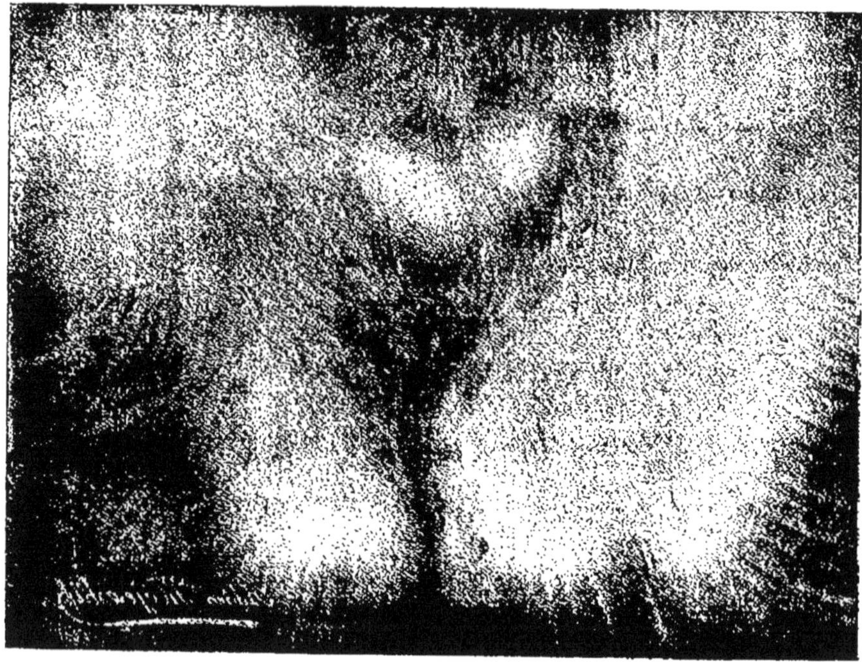

Fig. 28. — Epreuve montrant les radiations des deux mains d'un
même opérateur. Les effluves semblent s'attirer analogiquement
à des aimants présentés par des pôles de noms contraires.
(Cliché Majewski).

De plus, le verre a certainement la propriété de dif-
fuser sur la totalité de la surface de la plaque les
rayons enregistrés; ainsi qu'il ressort de l'examen de
la série de clichés reproduits ici, clichés qui diffèrent
notablement de ceux obtenus côté gélatine.

Comme il est aisé de le remarquer, ces épreuves

traitées dans les mêmes conditions de laboratoire par différents opérateurs, présentent des divergences très sensibles ; divergences qui peuvent être intime-

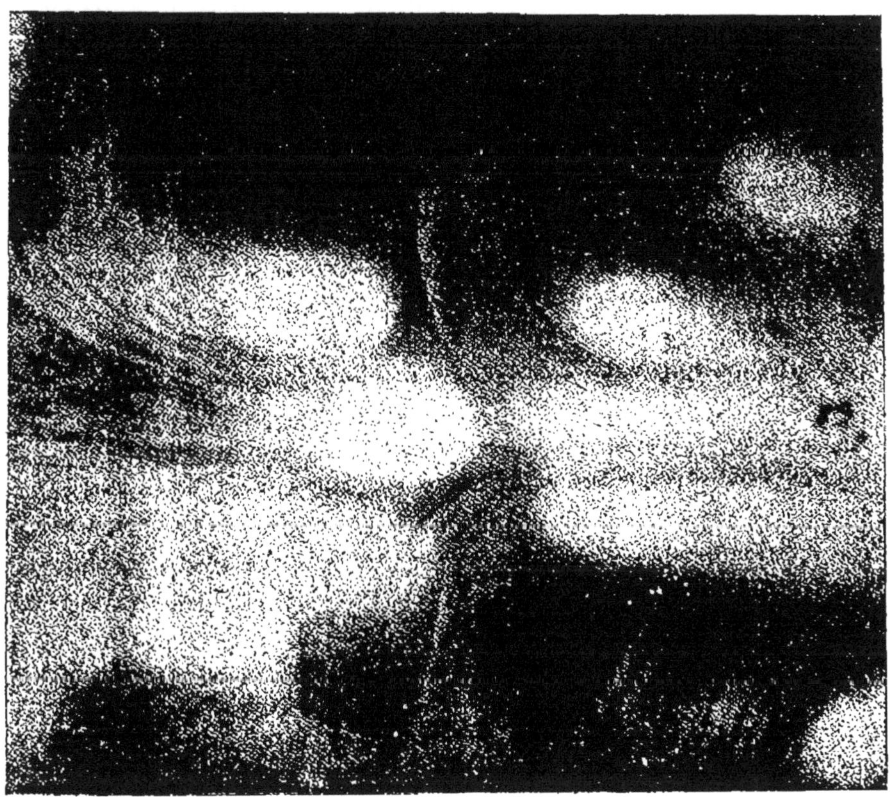

Fig. 29. — Mains gauches de deux opérateurs ; épreuve obtenue sur côté verre. Les radiations paraissent se repousser analogiquement aux effluves de deux aimants présentés par leurs pôles de même nom.

ment liées à la nature intrinsèque du tempérament de chaque expérimentateur. Aussi conçoit-on assez facilement qu'en multipliant les expériences on puisse arriver, ainsi que certains l'ont proposé, le commandant Darget entre autres et ainsi que l'avait entrevu le docteur Luys, à déterminer l'état de santé ou de maladie d'une personne donnée et même, en poussant l'analyse à la quintessence, à reconnaître la nature d'une altération de la santé, la nature même d'une maladie quelconque. Nous verrons un peu plus loin que cette préoccupation d'esprit fut à peu près celle de tous les grands expérimentateurs en matière effluviographique.

Une expérience à double portée. Actions simultanées sur le côté verre et sur côté gélatine.

M. Colomès, juge à Saint-Etienne, qui était, en 1897, en correspondance avec M. Camille Chaigneau, voulut bien soumettre à ce dernier le résultat d'une expérience intéressante qu'il fit à l'époque, après avoir pris connaissance des travaux du docteur Luys, Darget et Chaigneau lui-même. Nous reproduisons in-extenso la lettre de M. Colomès d'après *l'Humanité Intégrale*, n° 9 page 228.

Monsieur le Directeur,

Après la lecture de vos très intéressants articles sur les vibrations digitales, j'ai tenté de faire moi-même quelques essais.

Je me suis efforcé, en présence des objections faites, et notamment de l'idée émise que ces phénomènes serait uniquement dûs à la chaleur, de rechercher s'il ne serait pas possible de faire l'expérience autrement qu'en mettant les doigts soit directement sur la gélatine, soit indirectement sur le côté verre opposé à la gélatine.

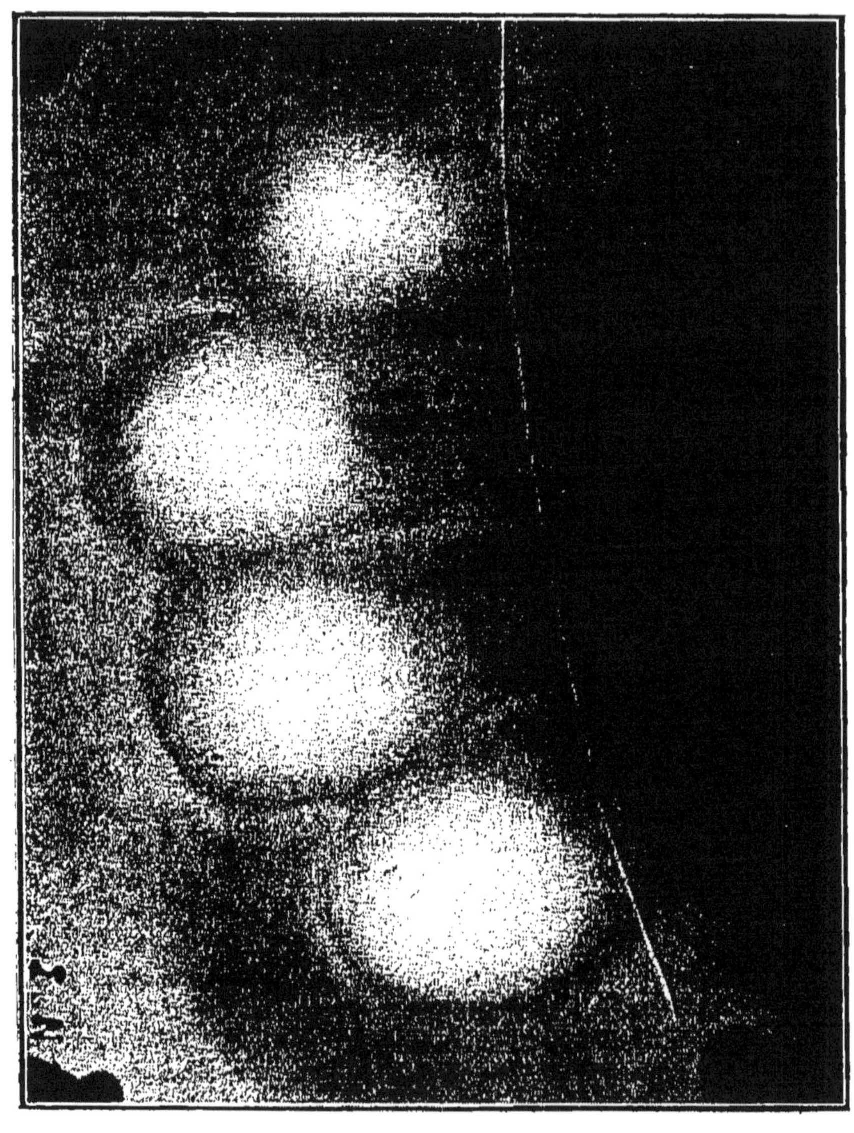

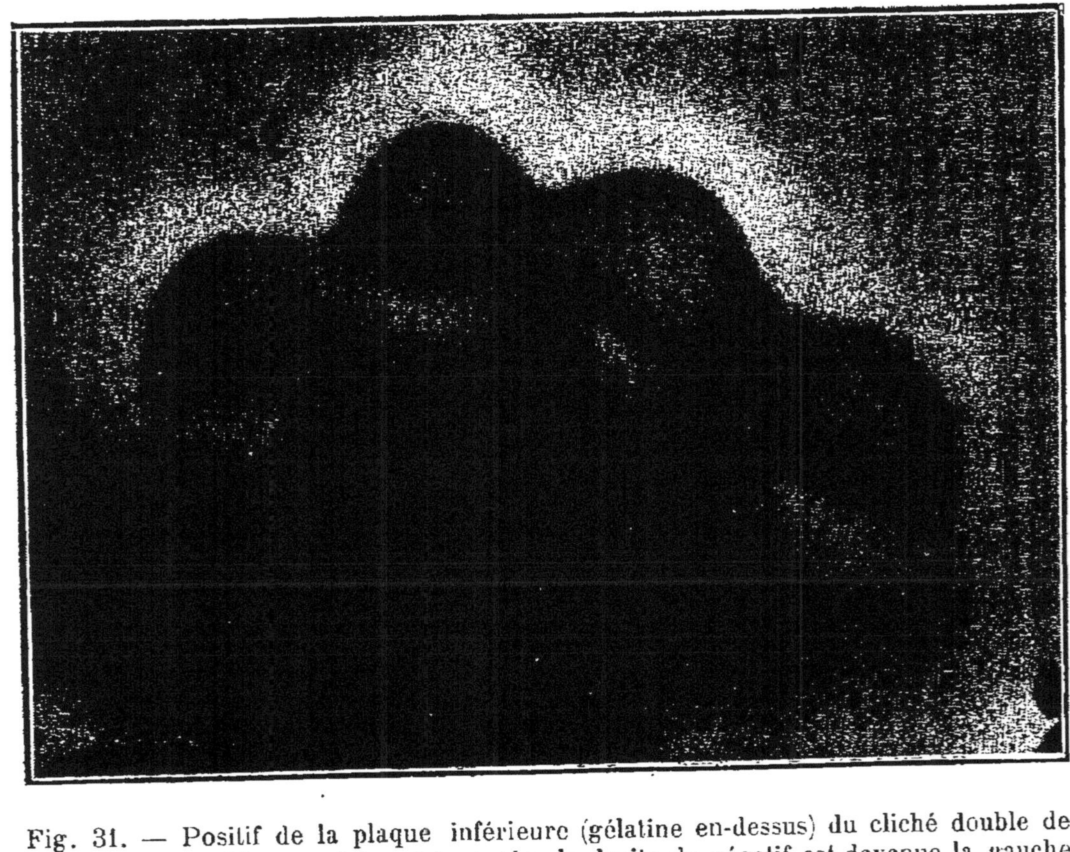

Fig. 31. — Positif de la plaque inférieure (gélatine en-dessus) du cliché double de M. Colomès. L'image, ici, est inversée, la droite du négatif est devenue la gauche du positif.

J'ai imaginé de me servir de deux plaques, et voici dans quelles conditions j'ai opéré :

OBSERVATIONS GÉNÉRALES : — Plaques : Lumière 9 + 12. Bain révélateur : hydroquinone-métol. Durée d'exposition : 32 minutes. — Doigts, main droite.

Remarque : 1° Le bain a été agité de temps en temps. — 2° L'obscurité était complète ; la lampe du laboratoire avait été éteinte, et le bras et la cuvette avaient été recouverts d'un voile noir.

Opérations : 1° J'ai placé la plaque n° 2 au fond de la cuvette, la gélatine en-dessus et la plaque n° 1 au-dessus de la première, la gélatine en-dessous ;

2° Les deux couches sensibles se faisaient face et étaient séparées l'une de l'autre par des petits morceaux de liège de 5 millimètres d'épaisseur ;

3° J'ai appliqué les doigts sur le côté verre de la glace n° 1 ;

4° J'ai versé le bain révélateur dans la cuvette, et j'ai agité le liquide de façon à ce qu'il imprègne régulièrement les deux faces gélatinées des glaces ;

5° J'ai éteint la lumière de mon laboratoire, et j'ai recouvert le tout d'un voile noir.

C'est dans ces conditions que j'ai obtenu les clichés des deux épreuves ci-jointes.

J'ai fait plusieurs expériences de ce genre, elles m'ont donné des résultats identiques.

Le cliché n° 2, dont la surface sensible était absolument isolée du contact des doigts, ne démontre-t-il pas d'une façon certaine que les seuls phénomènes de la chaleur ne peuvent expliquer les vibrations digitales?

Il est facile de voir, en effet, que les parties noires du cliché n° 1 sont blanches sur le n° 2, et que les parties blanches sont également noires.

J'abandonne à votre haute compétence les conséquences à tirer de cette expérience et vous autorise à la publier sous mon nom, si vous la jugez utile.

Veuillez agréer......

Colomès.

Enregistrement des rayons humains avec la plaque sensible plongée dans l'eau distillée.

Dans les chapitres précédents il n'a été question d'opérer et de chercher à influencer la plaque sensible qu'en la plongeant dans le liquide révélateur et pendant son développement. M. Chaigneau nous a dit pourquoi il était plus facile d'expérimenter ainsi; pourquoi les résultats positifs étaient plus fréquents, en donnant comme principe explicatif que le bain révélateur augmentait, élargissait la gamme de sensibilité des plaques. Nous pourrions ajouter, d'après nos études personnelles en la matière, que le liquide, quel qu'il soit, favorise grandement l'émission du rayonnement humain. Nous disons bien le liquide, nous ne spécifions pas le liquide révélateur; et de fait, nous pouvons dire que les plaques sensibles ont été impressionnées, avec la même facilité que dans le bain révélateur, en expérimentant dans un bain d'eau distillée et en révélant ensuite par les procédés ordinaires.

M. Brandt, chef du laboratoire de radiographie et collaborateur aux journaux la *Radiographie* et la

Photo-Revue, dont nous avons déjà parlé, signalait, en 1897, que M. de Rochas, en plaçant la plaque sensible dans un bain d'eau distillée et en appliquant, pendant 20 minutes, les doigts du côté verre ; et en développant ensuite par les méthodes courantes, avait obtenu les mêmes résultats que si la plaque avait été dans le révélateur.

Le commandant Darget nous a dit aussi avoir obtenu facilement l'enregistrement des effluves humains en plongeant la plaque dans l'eau distillée.

Graphie des objets chargés de rayonnement humain.

Pour prouver plus avantageusement encore l'existence du rayonnement et son action sur la plaque sensible, nous avons eu l'idée, un de mes amis M. Bonnet et moi, de nous servir de substances en apparence inertes et que nous chargions d'effluves en les portant pendant des temps variables soit sur le front, soit au creux de l'épigastre, sur le plexus solaire, centre radio-actif par excellence.

Ces objets, après avoir été portés 20 minutes à une demi-heure, étaient transportés dans la chambre noire, puis posés sur la plaque sensible, dans le bain révélateur. Nous opérions tantôt côté gélatine et tantôt côté verre. Nos temps d'immersion variaient entre une demi-heure et une heure.

Nous avons fait ainsi toute une série d'expériences et classé un grand nombre de clichés, lesquels se caractérisent pour la plupart par des colorations plus ou moins intenses et variées et ne se prêtent malheureusement pas, de par ce fait, à la reproduction.

Cependant quelques épreuves obtenues sur côté gélatine méritent quelque attention. Voici par exemple la graphie d'une plaque de zinc portée pendant 20 minutes sur le front et posée, dans le bain révélateur, sur le côté gélatine d'une plaque sensible. Durée de développement une heure environ. (Fig. 32).

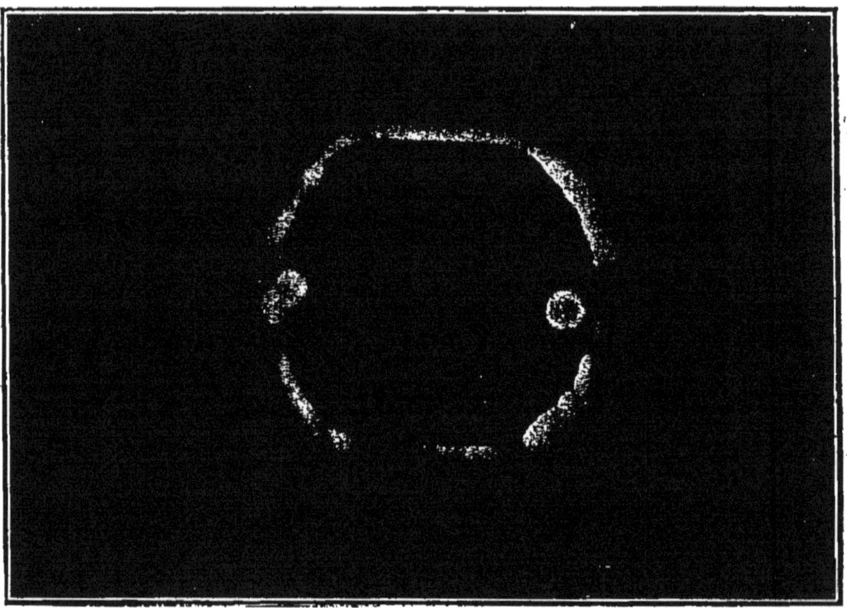

Fig. 32. — Graphie d'une plaque de zinc ayant été portée sur le front pendant 20 minutes, puis apposée sur le côté gélatine d'une plaque sensible immergée dans le bain révélateur.

En regard, figure 33, les graphies de deux plaques : étain et zinc, traitées de même manière mais n'ayant pas été portée.

La figure 36 a été obtenue avec une plaque de zinc portée sur le front pendant 20 minutes et apposée ensuite sur le côté verre d'une plaque sensible mise en bain révélateur.

Nous croyons bon d'ajouter que nos expériences portaient tout d'abord sur la recherche de l'enregistrement photographique des radiations métalliques. Nous expérimentions de trois façons différentes : 1° Avec le métal neutre, tel qu'on le trouve dans le commerce; 2° Avec le métal préalablement induit par

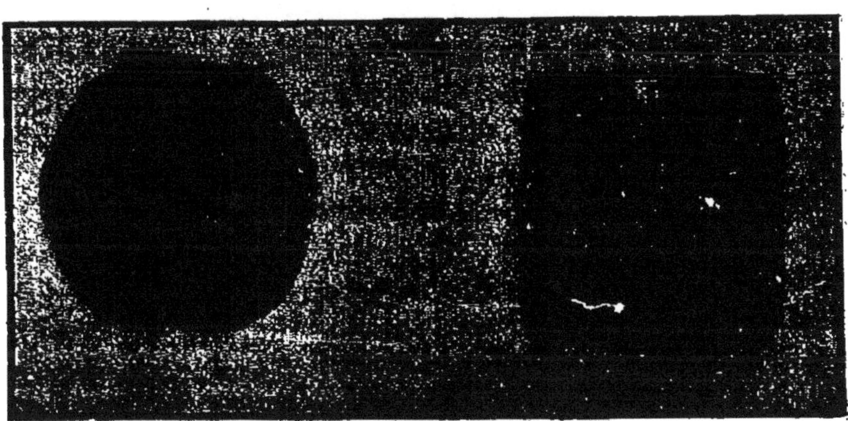

Fig. 33. — Graphies d'une plaque de zinc et d'une plaque d'étain, mises sur côté sensible en bain révélateur sans avoir été induites.

le courant d'un électro-aimant; 3° Avec le métal induit par l'organisme humain. Nous avons choisi, parmi notre collection de clichés, ceux qui se rapportent à l'enregistrement photographique des rayons humains.

Ces expériences seraient à reprendre comme, du reste, la plupart de celles que nous signalons en cet ouvrage, et nous n'avons écrit ce dernier que dans l'espoir de voir surgir une pléïade d'expérimentateurs qui prennent à cœur de les renouveler toutes et d'en tirer des conclusions.

Fig. 34. — Plaque d'étain traitée semblablement aux précédentes après avoir été induite, à l'aide d'un aimant, par contact prolongé.

Fig. 35. — Plaque d'étain longuement portée sur l'estomac d'un malade souffrant tout particulièrement de cet organe, traitée photographiquement comme les précédentes.

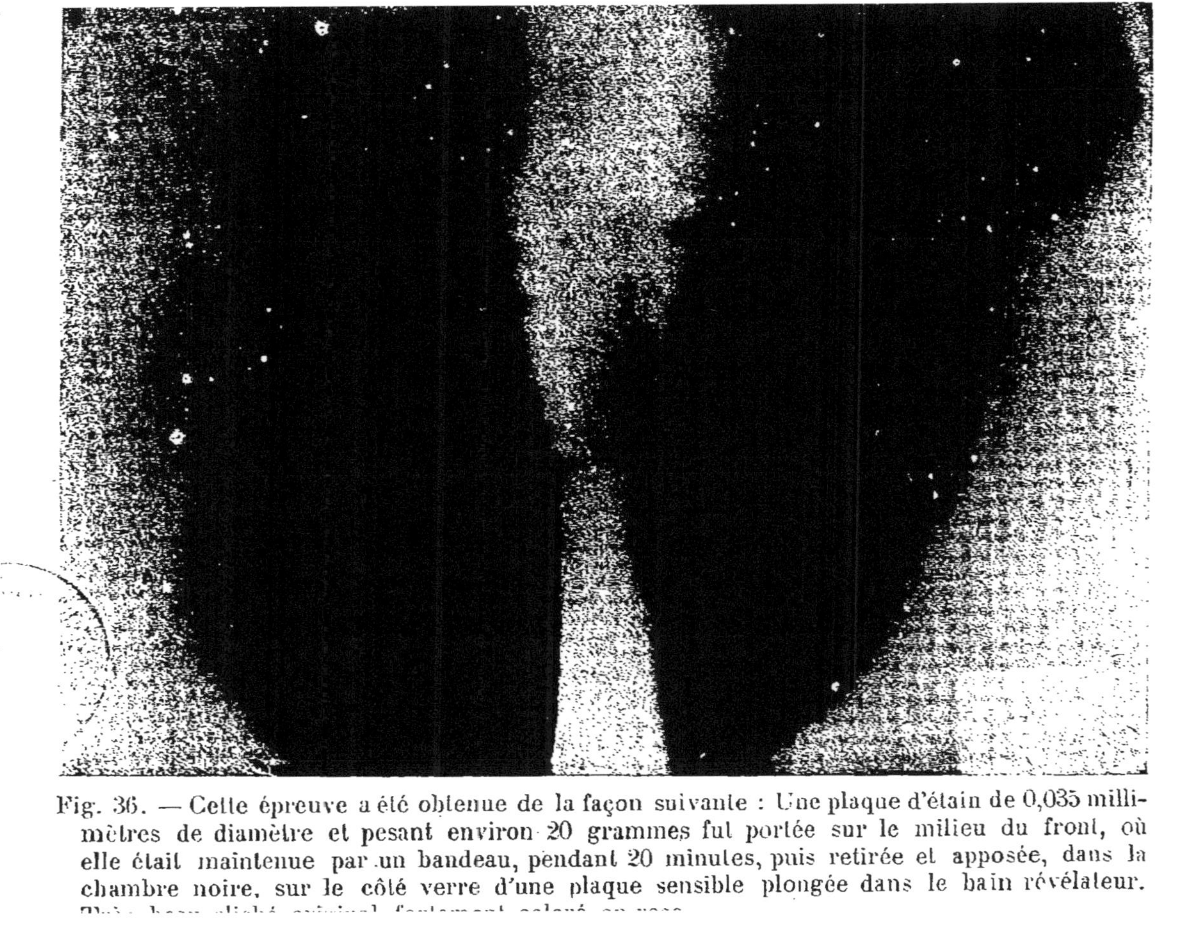

Fig. 36. — Cette épreuve a été obtenue de la façon suivante : Une plaque d'étain de 0,035 millimètres de diamètre et pesant environ 20 grammes fut portée sur le milieu du front, où
elle était maintenue par un bandeau, pendant 20 minutes, puis retirée et apposée, dans la
chambre noire, sur le côté verre d'une plaque sensible plongée dans le bain révélateur.

Le commandant Darget, dans ses multiples essais, parmi ses centaines de clichés, possède une collection de feuilles de plantes ayant laissé leur empreinte sur la plaque au bromure d'argent, alors que, dans

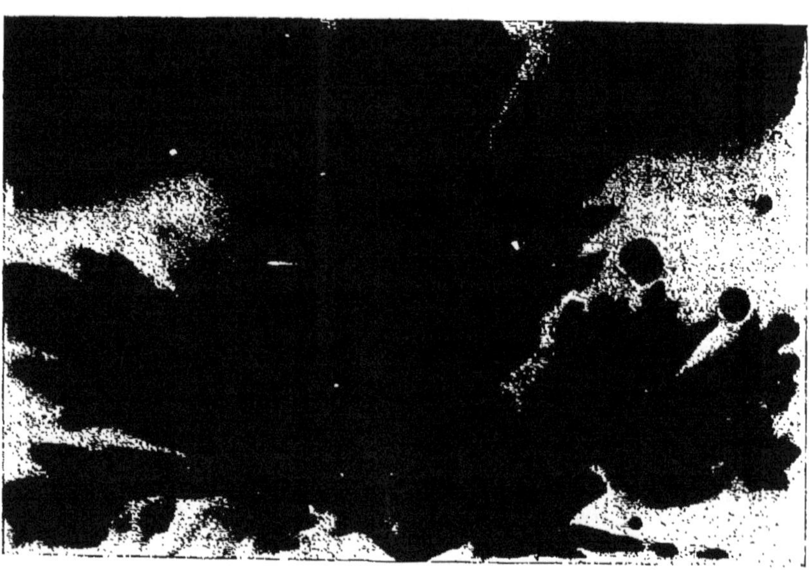

Fig. 37. — Les feuilles de plantes maintenues sur la surface sensible, par deux ou trois doigts, pendant le développement, graphient très nettement leurs contours, et l'on observe que ceux-ci sont pourvus d'une luminosité blanchâtre variant en intensité selon la nature de la plante. Ici, feuille de Pyréthrum. (Collection Darget, nombreux clichés).

le bain révélateur, il apposait un doigt ou deux sur ces feuilles pour les imprégner de ses effluves.

On a émis l'hypothèse que ce pouvait être la lumière emmagasinée dans la chlorophyle des feuilles de plantes servant à l'expérience, mais cette hypothèse ne suffit plus pour expliquer le phénomène des colorations multiples qui caractérisent les épreuves du commandant Darget.

De plus, l'expérience peut être variée de cette

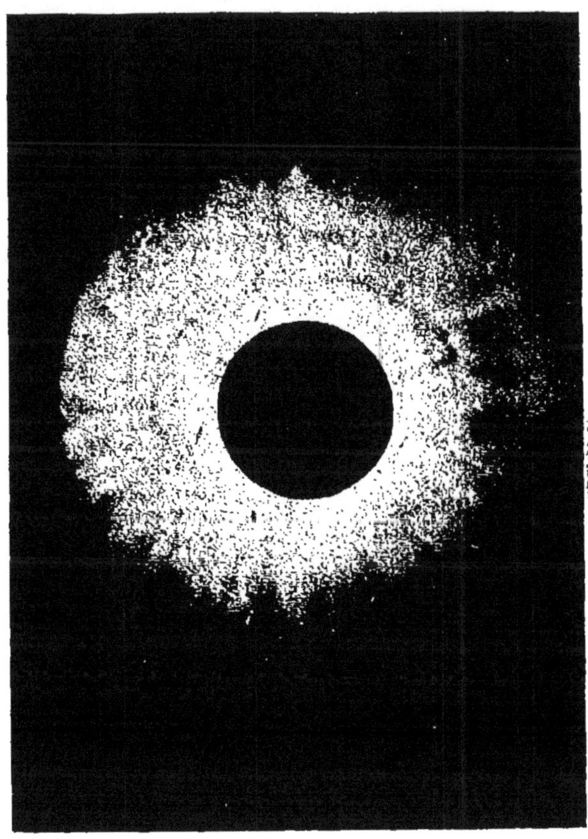

Fig. 38. — L'apposition d'un doigt de la main sur une pièce d'argent, en contact avec l'émulsion d'une plaque sous bain révélateur, décèle des radiations très intenses. (Cliché Lefranc).

façon : Connaissant le temps nécessaire à ce qu'une plante rende complètement à l'ambiance la lumière par elle emmagasinée, on aura qu'à laisser la dite plante dans l'obscurité quelques heures de plus que le temps voulu, et l'on expérimentera avec la plaque sensible. C'est ainsi que nous pratiquions dans nos recherches sur les radiations métalliques et

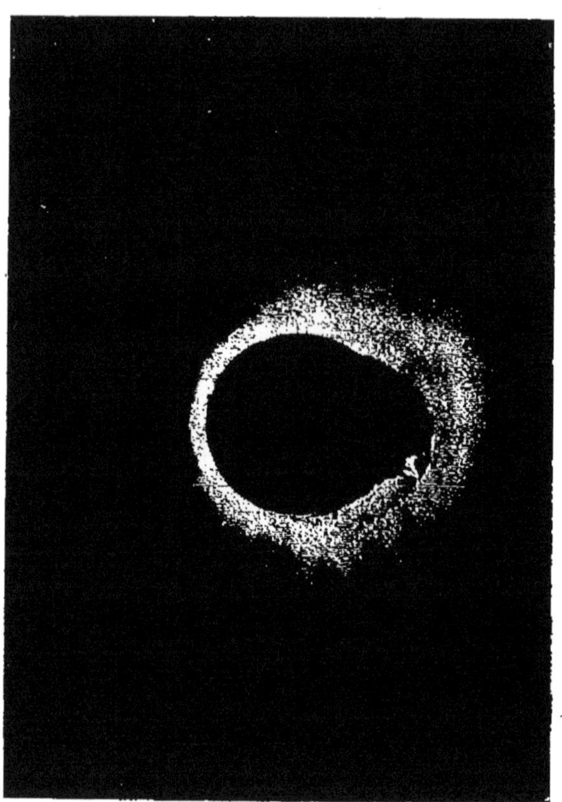

Fig. 39. — Même explication que pour la figure précédente (Cliché Mme Lefranc).

c'est ainsi également que pratique le commandant Darget.

Un autre expérimentateur, M. Léon Lefranc, directeur du *Monde Psychique* est parvenu à produire de magnifiques clichés en opérant, d'après le procédé

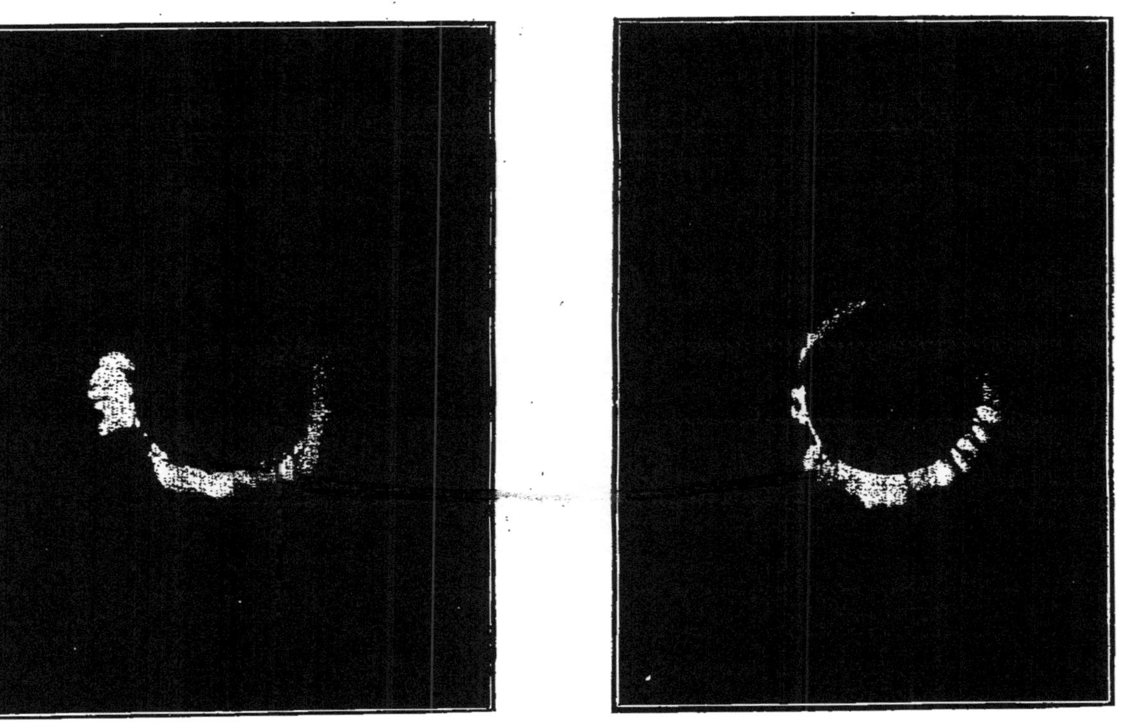

Fig. 40 et 41. — Mêmes dispositions expérimentales que pour les figures 38 et 39.
Résultat obtenu un jour de grande fatigue. (Clichés Lefranc. 40 : Madame, 41 : Monsieur).

Dargel, mais cette fois avec des pièces de monnaie.

La plaque sensible étant dans le bain révélateur, M. Lefranc pose sur la surface gélatine une pièce

Fig. 42. — Épreuve faite comme les quatre précédentes ; autre jour, autres dispositions physiques.

de monnaie, soit monnaie d'argent ou monnaie d'or, et appose simplement ses doigts sur la pièce pendant un quart d'heure.

Cinq tentatives différentes ont donné des résultats identiques.

Ce sont ces résultats que nous reproduisons ici, figures 38 à 42.

La figure 38 représente l'épreuve obtenue avec une pièce française de 0 fr. 50 par M. Lefranc lui-même. La suivante nous montre une épreuve due à Mme Lefranc dans les mêmes conditions d'expérience.

Quant aux épreuves représentées par les gravures 40 et 41, elles ont été faites, toujours avec le même processus de laboratoire, mais un jour de grande fatigue, au lendemain d'un surmenage physique. Une des figures est due à M. Lefranc, l'autre à Mme Lefranc.

On le voit, la différence entre ces clichés et les précédents est très appréciable, et cette différence peut très bien être, en effet, due à l'état de dépression physiologique des expérimentateurs. En tous cas le fait est intéressant à retenir et l'expérience vaut la peine d'être renouvelée.

*
* *

Magnétisme animal? Rayons Vitaux ou électricité humaine? Qui nous en donnera la clé?

Voici deux figures rappelant très nettement la fulguration de l'étincelle électrique; elles ont pourtant été obtenues sans le concours de l'électricité.

Fig. 43. — Épreuve électroïde obtenue par le commandant Dargel par apposition des doigts sur la plaque sensible en bain révélateur.

Fig. 44. — Épreuve faite à sec par application d'une plaque sensible sous trois enveloppes sur le front d'un médium. — Mme Dargel. — Plaque isolée de la surface cutanée.

Impression de la plaque sensible par le procédé dit « à sec ».

Malgré la difficulté qui se dresse devant le chercheur pour l'obtention des épreuves avec traces d'effluves sur des plaques prises telles et expérimentées « à sec », quelques opérateurs, et notre grand apôtre Darget entre autres, ont réussi à en impressionner quelques-unes. La figure 44 en serait un exemple.

M. Darget prend une plaque entre les doigts des deux mains, les paumes ne se touchant pas, et il reste dans cette situation pendant un quart d'heure, vingt minutes, et dans le cabinet noir, bien entendu. Puis il développe comme s'il s'agissait d'une plaque quelconque.

On peut également appliquer la plaque sensible sur toute autre partie du corps, le front, le sommet de la tête ou l'estomac — sur la grande ramification nerveuse : plexus solaire — ou sur la colonne vertébrale, mais en agissant du côté non émulsionné, car les substances grasses de la peau se déposant sur la gélatine empêcheraient le révélateur de mordre sur les sels d'argent.

Pour la méthode « à sec » voir aussi, plus loin, les travaux du docteur Baraduc.

Impression de la plaque sensible
à travers les corps opaques.

Nous avons retrouvé dans un ouvrage édité en
Allemagne, il y a une quinzaine d'années (1), la relation d'expériences curieuses qui furent menées de la
façon suivante :

Une plaque photographique de la grandeur
13 × 18 fut enlevée d'un paquet qui n'avait pas
encore été ouvert, dans l'obscurité la plus complète
de la chambre noire et protégée le plus soigneusement
possible contre toute influence lumineuse venant du
dehors si faible qu'elle put être ; placée de la même
façon dans une cassette, et cette dernière posée au
fond d'une boîte noire et épaisse, pourvue d'un couvercle à coulisse courant dans des rainures, haute de
10 à 12 centimètres, et correspondant d'ailleurs à la
grandeur de la cassette.

Une croix (2) fut placée au milieu de la couche de
gélatine, celle-ci étant dirigée vers le haut. Un opérateur tint la pointe des doigts de la main droite

(1) Bilz. Médication naturelle. Tome II, page 1491.
(2) Le narrateur a oublié de dire en quoi était constituée cette
croix.

pendant 30 minutes à une distance d'environ 3 à 4 centimètres au-dessus de la cassette pour essayer l'efficacité du rayonnement de la pointe des doigts, c'est-à-dire la force magnétique. Une plaque de contrôle dans une cassette semblable fut exposée pendant ce temps dans les mêmes conditions, à l'exception de la présentation des doigts. Le développement auquel M. le professeur Crola, de Dusseldorf, procéda immédiatement montra très nettement l'image de la croix. La plaque de contrôle ne révéla aucune impression lumineuse.

Pour une autre épreuve la plaque fut mise comme plus haut dans la cassette et le couvercle de la boîte fut fermé (il ne l'était pas dans l'expérience précédente). L'opérateur appuya la pointe des doigts de la main droite pendant 45 minutes contre le couvercle de la boîte. Le développement donna une image un peu moins nette que la première, mais cependant parfaitement accusée. La plaque de contrôle ne présentait aucune impression lumineuse. Le rayonnement avait donc traversé le couvercle de la boîte (1).

Ces épreuves furent obtenues par un magnétiseur puissant nommé L. Tormin et sous le contrôle du professeur Crola, déjà nommé, et du photographe professionnel, M. Constantin Luck, de Dusseldorf.

(1) Les photogravures qui accompagnent ce texte dans l'ouvrage ne se prêtent malheureusement pas à la reproduction, parce que jaunies et passées. Nous avons écrit à Dusseldorf pour demander à voir les épreuves originales. Le photographe, M. Constantin Luck, nous a fait répondre qu'il se souvenait fort bien des expériences qui avaient été faites chez lui, mais le magnétiseur

Le narrateur ajoute qu'un essai fut tenté par le professeur Crola lui-même dans la seconde condition expérimentale, c'est-à-dire le couvercle de la boîte étant fermé avec 45 minutes d'exposition des doigts. Cet essai demeura sans résultat. Ce qui tend à établir qu'une certaine puissance radiante est nécessaire pour que l'expérience réussisse.

On trouvera plus loin, dans l'exposé des travaux du docteur Baraduc, d'autres cas d'influence à travers les corps opaques, dans des conditions analogues.

Un autre procédé d'expérimentation à travers les corps opaques consiste à protéger le plus possible de la lumière du jour une plaque sensible, de façon telle à ce que l'on puisse la porter sur soi, en une partie quelconque du corps pendant un certain laps de temps. Pour ce genre d'expériences, il est alors préférable de se servir, comme le fait le commandant Darget, des plaques semi-rigides, en celluloïd, plaques appelées « vitroses », lesquelles ont la propriété de pouvoir épouser la forme soit du front, de la partie externe de l'estomac ou de toute autre partie à grande courbure, car il ne faut pas songer, bien entendu, à plier ces vitroses. Mais laissons la parole au commandant Darget lui-même.

Dans un article paru dans la *Revue scientifique et morale du Spiritisme* (mars 1910), le commandant Darget s'exprime ainsi :

Tormin avait emporté les plaques et M. Luck n'a jamais entendu reparler de lui.

« On connaît depuis longtemps mes photographies du fluide vital, de la pensée, des maladies, etc... je voudrais maintenant dire quelques mots de ce que le docteur (1), a appelé « maintes expériences concluantes présentées à l'Académie par le commandant Darget ».

Ces expériences de dégagement du fluide vital par le corps humain, et aussi par les animaux, les végétaux, certains minéraux et peut-être tous, sont démontrées par la photographie ; de telle sorte que les clichés ne peuvent comporter aucune simulation, aucune fraude, parce qu'ils sont la représentation d'un témoin permanent, qui est lé papier imprimé qui enveloppe la plaque.

Nul procédé opératoire, nulle lumière connue ne peuvent impressionner la plaque à la fois en noir, en blanc, ou bien encore en noir et blanc sur la même plaque, faisant ressortir, sur le cliché, les lettres ou signes que porte la première enveloppe.

Pour le prouver, je présente ci-contre en gravure une de mes expériences.

C'est la photographie obtenue sur une plaque recouverte de trois enveloppes superposées :

1° Enveloppe blanche imprimée et manuscrite ;

2° Un papier noir opaque à la lumière ;

3° Un papier rouge ou de couleur quelconque pour enserrer le tout.

Ce tout, je l'ai placé sur mon front, côté gélatine

_____

(1) Il s'agit du docteur Foveau de Courmelles.

du côté du front, pendant une heure. Cette plaque —
une vitrose rigide Lumière — avait, comme première
enveloppe, une feuille de papier portant les mots
imprimés Catharina et plus bas Brésil, mots qui
étaient placés à l'extérieur du gélatino-bromure
d'argent et qui ont impressionné la plaque en noir,
ce qui donne du blanc par conséquent sur la pré-

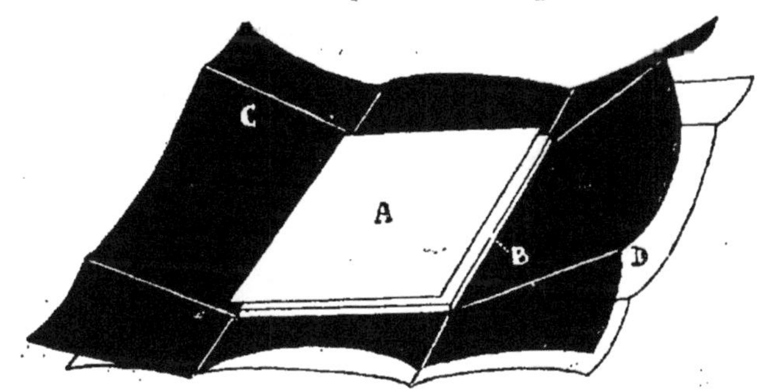

Fig. 45. — Dessin montrant le dispositif employé par le commandant Dargel pour rendre évidente l'action des rayons
humains sur l'émulsion au gélatino-bromure. A : papier imprimé servant de première enveloppe. B : vitrose sensible semi-
rigide, en celluloïd. C : enveloppe de papier noir. D : enveloppe
de papier rouge.

Les papiers étant complètement et séparément repliés sur la
vitrose, le tout est cacheté à la cire et exposé pendant une ou
plusieurs heures à la lumière du jour ; la plaque développée
ensuite par les procédés ordinaires ne révèle aucune impression
lumineuse. Appliquée pendant une heure sur le front du commandant Dargel, les caractères d'imprimerie et l'écriture manuscrite se révèlent au développement de la plaque sensible.

sente épreuve. J'avais fait une barre à l'encre ordinaire coupant A R de Catharina qui a impressionné
en blanc.

Puis un autre trait en diagonale sur le premier
touchant C A, également imprimé en blanc. Ensuite
deux croix qui ont donné blanc.

Retournant mon papier, j'avais fait à l'intérieur deux traits semblables à ceux de l'extérieur, un D, un losange et trois barres courtes parallèles.

Ces derniers traits et signes, à l'encre ordinaire et en contact direct avec le gélatino-bromure, ont

Fig. 46. — Cliché « Catharina » du commandant Darget.

imprimé en blanc comme les traits et signes de l'extérieur du papier.

On ne peut pas dire, par conséquent, comme l'ont fait certaines gens peu au courant de manifestations psychiques, que c'est l'encre qui a déchargé son noir par contact.

Il est bon de noter que ce n'est pas la composition de l'encre qui impressionne en blanc ou en noir, car l'encre Antoine, dont je me sers toujours, m'a donné du blanc chez certaines personnes et du noir avec d'autres; et qu'il en a été de même pour les caractères d'impression.

Je dois dire aussi que certaines personnes, principalement les magnétiseurs et les médiums, m'ont donné des impressions très nettes en moins d'une heure de pose, et que d'autres m'ont donné de faibles impressions au bout de 3 ou 4 heures.

Je dois ajouter encore que l'épigastre semble produire les mêmes phénomènes que le front et avec la même intensité, tandis que d'autres régions du corps donnent beaucoup moins.

J'ajoute aussi que j'ai obtenu les mêmes impressions avec les vitroses par le côté opposé au gélatino; mais plus difficilement; je n'ai pu obtenir aucune impression sur les plaques en verre, dont le côté verre était placé sur le front. Dans ce dernier cas, le fluide contournait la plaque et impressionnait les lettres sur le gélatino du côté inverse.

Si ces effluves humains sortaient d'une même source, impressionnaient toujours de la même façon, soit en blanc, soit en noir, nous pourrions inférer que c'est une source lumineuse comme les rayons X, ou du radium que nous aurions dans le corps.

Mais, comme on l'a vu, il n'en est pas ainsi, et non seulement les plaques portent du noir et du blanc, mais encore sont colorées de diverses couleurs, couleurs que j'ai rencontré aussi bien dans le fluide humain, que dans le fluide animal et végétal.

Donc, nous devons produire plusieurs espèces de fluides, encore inconnus, encore non analysés, comme il en est d'ailleurs de l'électricité elle-même qui nous éclaire et fait mouvoir nos machines, sans que nous la connaissions dans son intime essence.

Et cependant, c'est en étudiant ces nouveaux phénomènes fluidiques qu'on connaîtra davantage notre corps humain et qu'on arrivera à la photographie des maladies dont j'ai déjà obtenu quelques échantillons rudimentaires.

Il s'agit de trouver des plaques, plus aptes que celles que nous avons, pour enregistrer ces nouvelles vibrations..... ».

Action de l'ambiance ou fluidification du cabinet.

Tous les expérimentateurs qui ont tenté de faire des photographies d'effluves ont été unanimes à déclarer que le milieu ambiant dans lequel ils opéraient exerçait une très grosse influence sur les résultats obtenus. Personnellement, il nous est arrivé une petite aventure qui mérite d'être contée, la voici :

Il y avait environ quinze jours que nous poursuivions quotidiennement des recherches sur la photographie des radiations des métaux, avec, comme laboratoire, une sorte de petite cabine de bois, pas plus grande qu'une guérite de soldat, dans laquelle on enfermait souvent des malades pour les soumettre à un traitement magnétique spécial. Cette petite cabine avait été rendue par nous parfaitement étanche à la lumière, elle était de plus située dans une pièce sombre d'un appartement, et nous avions juste l'emplacement nécessaire pour nos deux cuvettes, révélateur et hyposulfite, ainsi que pour notre seau contenant l'eau pour le lavage des plaques.

Dans ce petit cabinet photographique improvisé, nous avions obtenu de magnifiques résultats portant sur des colorations, résultats dont nous avons dit un mot d'autre part. Devant ce succès, nous songeâmes à prendre plus d'aise et nous transformâmes une des caves de la maison en un superbe laboratoire ou rien ne manquait et nous reprîmes, plein de foi, les expériences de la cabine en bois.

Une plaque, cinq plaques, dix, puis davantage, prises dans les mêmes conditions expérimentales que précédemment ne donnèrent que de faibles résultats qui nous firent regretter nos premiers essais. Nous concluâmes que la pièce dans laquelle nous expérimentions était trop humide, et sans plus tarder, ne pouvant plus travailler à l'aise dans notre « guérite » nous louâmes une chambrette en un sixième étage et nous y installâmes nos cuvettes et nos produits après que nous l'eûmes transformée en un confortable cabinet noir. Et nos essais reprirent, et ce furent au début les mêmes résultats que dans notre cave. Cette chambre n'avait pas été habitée depuis six mois, nous y vînmes tous les jours et nous fîmes des essais sans interruption. Ce ne fut qu'après une huitaine de jours que nous retrouvâmes nos colorations d'antan.

Expérimentant un autre jour dans une pièce proche de celle où travaillait régulièrement un médium que l'on endormait journellement, j'obtins, dès la première fois, des colorations très nettes. Il en fut de même pendant plusieurs jours durant que j'expérimentais dans les mêmes conditions.

Dans son opuscule sur les différentes méthodes pour l'obtention des photographies fluido-magnétiques, le commandant Darget dit :

« J'ai remarqué qu'après une absence de quelques semaines, je ne produisais pas les effluves ou les couleurs avec la même intensité qu'avant mon départ. J'ai remarqué aussi que, venant de faire de beaux effluves ou de belles couleurs chez moi, je n'en faisais plus, ou faiblement chez un de mes amis, dans un autre cabinet, quelques heures plus tard. D'autre part, si j'avais des couleurs dans ce dernier local, elles étaient différentes de celles que j'avais chez moi, portaient un tout autre caractère.

J'ai compris, continu M. Darget, que mon cabinet était « fluidifié », qu'il y avait une accumulation de forces, qu'il était plein, saturé de mon électricité propre, ce qui aidait aux phénomènes. »

M. L. Lefranc, dans un article paru dans le *Journal du Magnétisme*, juillet-août 1910, dit :

« Nous affirmons que la présence constante de l'expérimentateur dans le local y détermine une émanation qui a beaucoup d'analogie avec les corps radio-actifs : uranium, thorium, radium ; cette émanation est semi-matérielle, elle représente une des premières phases de la dissociation du corps vivant de l'homme ; on peut la dissoudre dans l'eau ou n'importe quel liquide, et on peut la retrouver par évaporation ».

A côté de ces observations, il est peut-être bon d'ajouter aussi que la présence d'un opérateur

habitué à « rayonner » peut permettre à un autre,
non habitué, d'obtenir de très bons résultats, alors
que seul il n'obtient rien ou presque rien. C'est, nous
l'avons vu, ce qu'avait remarqué M. Chaigneau qui
faisait toujours de meilleurs clichés en présence du
commandant Darget ou avec la présence d'un
médium, que lorsqu'il expérimentait seul. M. Chaigneau, avec juste raison, appelait ce phénomène
« l'induction psychique ».

*Graphie des effluves humains par le pro-
cédé électrique du docteur Iodko.*

Le professeur russe Narkievicz Iodko, collaborateur
de l'Institut Impérial de médecine expérimentale de
Saint-Pétersbourg se servit, lui, de l'électricité pour
décéler la radiation fluidique qui émane du corps
humain. Et voici qu'elle était sa façon de procéder :

Une bobine de Rumkorff, actionnée par un courant
de piles de 1 à 2 volts, donnant à peine une étincelle
de deux centimètres, avait un de ses pôles en communication avec l'air atmosphérique, tandis qu'à
l'autre pôle était fixé un fil conducteur, enfermé
dans un manchon de verre isolateur que l'on pouvait
tenir à la main.

Si une personne quelconque, tenant le tube dans
lequel se trouvait le fil conducteur, était approchée
par une autre personne munie d'un tube de Geissler,
ce dernier s'illuminait, même à une distance de 8 à
10 centimètres.

Le docteur Iodko ajoutait. « On se rend parfaitement
compte que c'est bien le corps humain qui produit
cette illumination, car, non seulement elle est d'autant plus vive que le tube est approché davantage,

mais on voit jaillir les effluves qui partent du point
le plus rapproché pour le remplir ensuite plus ou
moins complètement. Et, pendant que la lumière
jaillit, si une personne touche celle qui donne nais-

Fig. 47. — Épreuve obtenue par le procédé Jodko et représentant les radiations d'une jeune fille bien portante, mais nerveuse.

sance à cette lumière, toute illumination disparait,
car la surcharge de l'organisme de la première se
dégage au contact de la seconde. Il en est de même
si l'on interpose la main entre ce tube et la partie du
corps qui l'éclaire ».

En variant un peu cette disposition expérimentale;
en plaçant, par exemple, en cabinet noir, la main

Fig. 48. — Épreuve représentant les effluves de la main d'un
jeune homme sensuel. (Collection Iodko).

laissée libre de la personne tenant le tube isolateur
sur une plaque photographique et en s'approchant

d'elle pour la toucher légèrement, une étincelle jaillit, et la main posée sur la plaque se trouve

Fig. 49. — Représentant les effluves d'une main d'homme et d'une main de femme — mains de noms contraires. — Les effluves s'attirent. (Collection Iodko).

graphiée avec des radiations plus ou moins intenses, selon le tempérament et l'état morbide de la personne qui expérimente.

On peut également disposer l'expérience comme
ceci : Le circuit de la pile étant fermé sur la bobine,

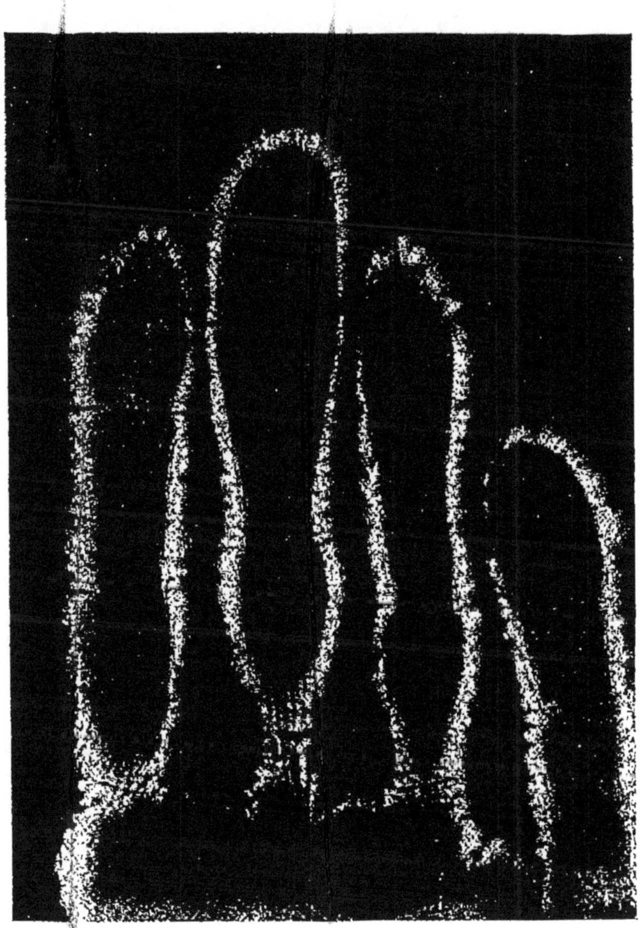

Fig. 50. — Montrant les effluves appauvris d'une jeune fille très
anémique. (Collection Iodko).

on pose le tube servant en quelque sorte de condensateur, sur une surface isolante, dans le cabinet noir.
On dispose ensuite dessus une plaque photographique, l'émulsion tournée vers le haut, et l'on

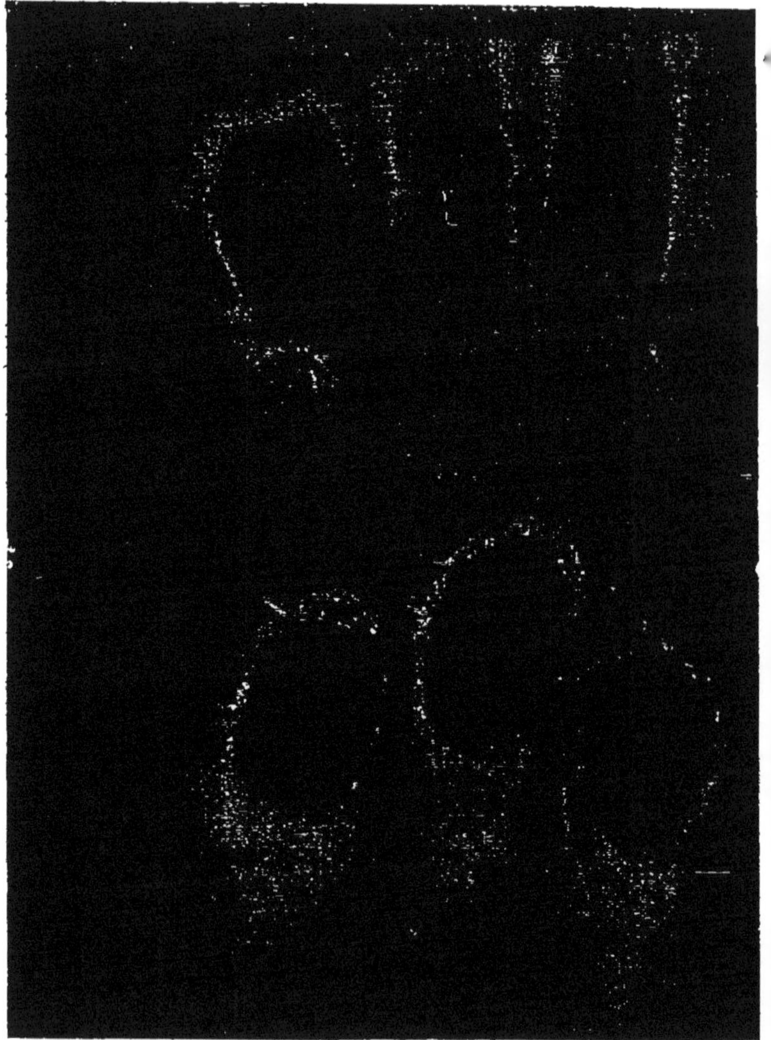

Fig. 51. — Épreuve obtenue par le professeur Iodko montran[t]
les effluves de deux mains de femmes. — Les effluves s'attirent

Fig. 52. — Épreuve obtenue par le procédé Iodko montrant les effluves de deux mains. (homme et femme). Les effluves se repoussent.

applique la main, les doigts légèrement écartés. Un tiers tourne alors le commutateur de la bobine, un courant s'établit, le circuit se trouvant fermé par le sol et l'atmosphère, une étincelle fluorescente jaillit entre le tube condensateur et la plaque sensible, celle-ci se trouve impressionnée, la main est « radiographiée ». On développe ensuite la plaque par les procédés ordinaires.

Pour bien conduire ces expériences on ne saurait agir avec trop de prudence. Il faut notamment avoir bien soin d'éloigner le pôle, terminé par une pointe métallique et qui est en communication avec l'atmosphère, de la pièce ou l'on opère — on pourra par exemple disposer ce pôle sur une toiture en ayant la précaution de bien l'isoler. — On devra aussi et surtout éviter de faire des essais par un temps d'orage.

Nous donnons, ci-avant, quelques épreuves comparatives obtenues par le professeur Iodko. On remarquera, dans plusieurs d'entre elles, que les effluves de noms contraires s'attirent et que ceux de même nom se repoussent analogiquement aux effluves de l'aimant, comme dans le procédé côté verre en bain révélateur. Comparer avec la figure 28.

Photographie de la pensée.

A la page 8 de son « Exposé des différentes méthodes, etc., — loc. cit., — le commandant Darget dit ceci :

« Lorsque l'on concentre sa pensée sur une forme mentale, un objet simple de contours, une bouteille par exemple, cette forme est susceptible de venir, sortant par les yeux, s'étaler lumineuse sur la plaque en y graphiant son empreinte ».

C'est en opérant de la sorte que le commandant Darget aurait obtenu le graphisme de la bouteille que représente notre figure 53.

M. L. Lefranc, expérimentateur dont nous avons déjà parlé, opérant de la même façon, obtint également l'image de la partie supérieure d'une bouteille. C'est cette image qui fait l'objet de la figure 54.

Il est bien évident que tout le monde n'est pas susceptible de produire les mêmes effets, pas plus que tout le monde n'est sujet magnétique ou susceptible de médiumnité, de prémonition ou de tout autre phénomène du même ordre ; cependant il est bon d'essayer toute chose : l'inconnu d'aujourd'hui n'est fait que de surprises et d'étrangetés.

Le docteur Ochorowicz, un savant polonais, ancien professeur à l'Université de Lemberg (Autriche), qui s'occupe beaucoup des questions psychiques et qui eut la bonne fortune d'avoir entre les mains un médium d'une grande puissance avec lequel il a fait

Fig. 53. — Forme mentale projetée par le commandant Darget, après avoir longtemps regardé une bouteille.

des études très approfondies tant sur la radio-activité humaine telle que nous la connaissons que sur de nouveaux rayons qu'il aurait découverts et qu'il nomme des « rayons rigides » a obtenu récemment une très curieuse photographie qu'il considère comme étant une épreuve en faveur de la photographie possible de la pensée. Voici, du reste, la

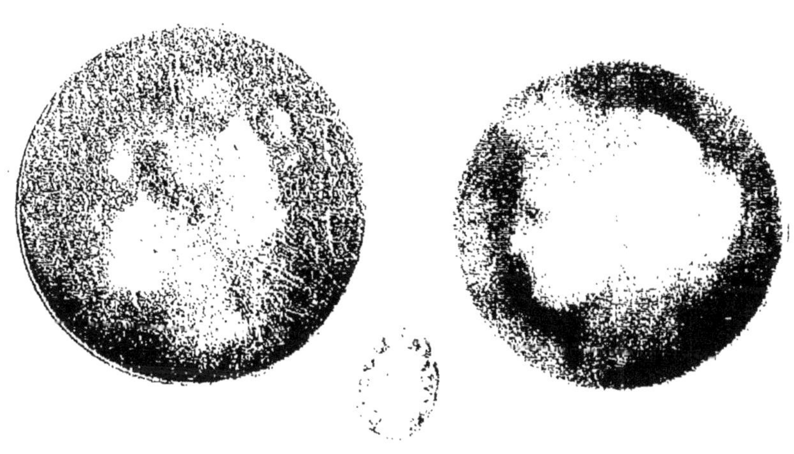

Fluide vital colorant (d'après le G' Dargel.)

Obtenu sur une même plaque photographique en bain révéla-teur, marque Lumière et Jougla, chacun des opérateurs ayant placé 3 doigts sur une pièce pendant 15 minutes. Le G' Dargel a obtenu la pièce Wilhelmine en rouge; M. E. Barquissau a obtenu la pièce République en blanc.

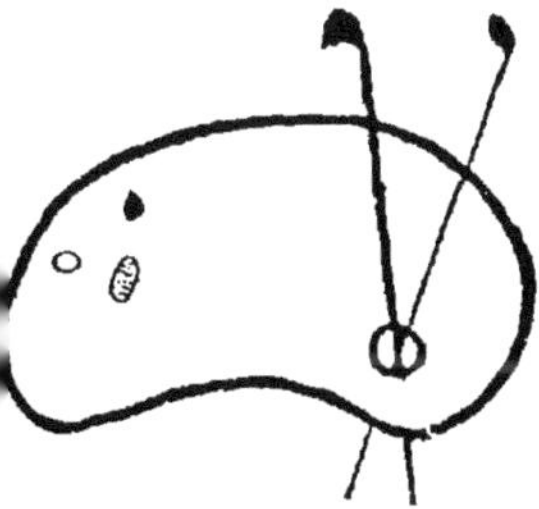

communication qu'il fit à ce propos au *Journal du Magnétisme et du Psychisme expérimental* (N° de décembre 1911).

« L'épreuve de la photographie de la pensée que je

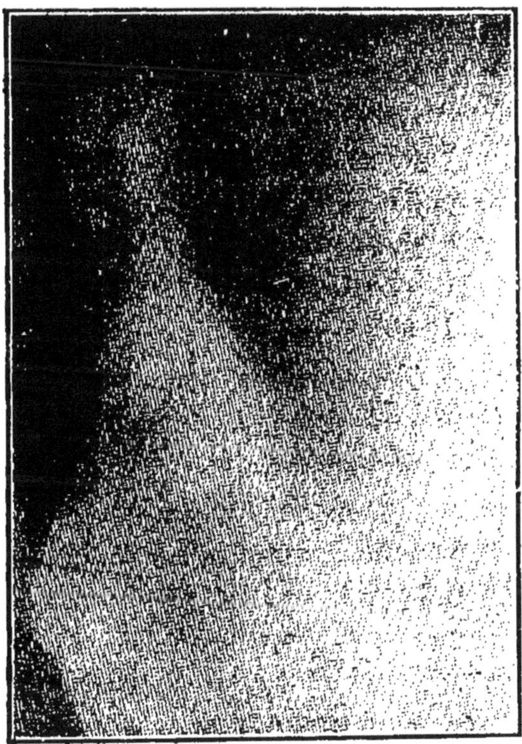

Fig. 54. — Forme mentale représentant la partie supérieure d'une bouteille. (Cliché Lefranc).

vous adresse a été obtenue par moi avec mon médium, Mlle Stanislawa Tomczyk, à la suite d'une longue contemplation de la pleine lune, quelques jours avant l'expérience.

Au moment même la somnambule désirait imprimer mentalement l'image d'une petite main. C'était donc une *idéo-plastie photographique involontaire*, causée par une obsession inconsciente.

Les jours suivants, j'ai réussi à obtenir des images tout à fait analogues, sur commande. Ces images,

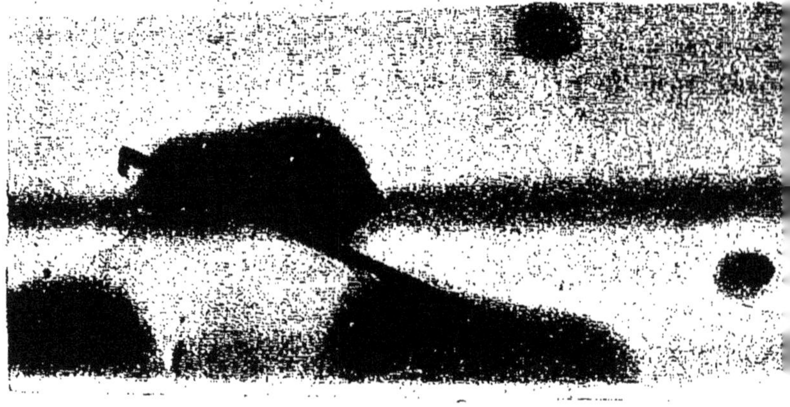

Fig. 55. — Forme mentale obtenue par le commandant Darget, après avoir regardé sa canne en lumière rouge dans son laboratoire et avoir ensuite plongé son regard sur une plaque photographique, en bain révélateur, tournée côté verre, et dirigé en même temps la pointe de ses doigts vers ladite plaque.

ainsi que les autres photographies de la pensée obtenues par moi, seront publiées très prochainement.

Quant aux conditions de l'expérience, elle a été faite sans contact avec le corps du médium et sans appareil photographique.

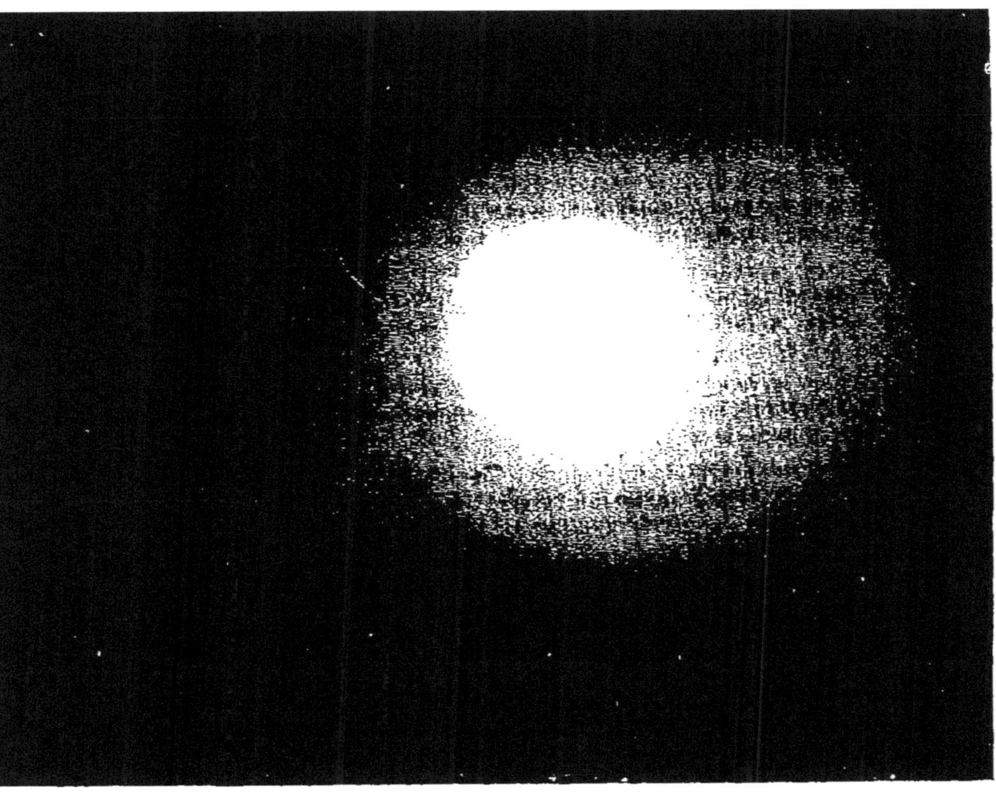

Fig. 56. — La pleine lune. Idéo-plastie photographique involontaire.
(Cliché Ochorowicz.)

La plaque, marquée par moi comme d'habitude, fut posée sur la table à 30-40 centimètres de la main du médium et dans l'obscurité complète.

L'image négative est si fortement imprimée qu'il faut 5 heures d'exposition au soleil pour la copier sur du papier au chlorure, ou 80 secondes sur du papier au bromure d'argent.

Elle est, en outre, légèrement colorée. »

S'agit-il là, dans ces expériences, de photographie vraie de la pensée? N'est-ce pas plutôt la fixation sur la plaque sensible d'une image ayant laissé une impression durable sur la rétine? Voilà ce que des expériences systématiques, multiples fois répétées, devront nous apprendre.

Mais peut-être le docteur Ochorowicz, qui depuis longtemps nous émerveille par ses travaux, pourra-t-il nous donner la solution définitive! Attendons donc la publication qu'il nous annonce comme prochaine dans l'article ci-dessus.

Ajoutons cependant que, dans les épreuves faites tant par Darget, par le docteur Ochorowicz que par d'autres, s'il ne s'agissait que de la transposition d'une image ayant laissé son empreinte sur la rétine, ces expériences, faites dans l'obscurité, avec toutes les précautions désirables, tendraient à prouver que cette image persistante est capable d'émettre des rayons doués d'un pouvoir lumineux susceptible d'influencer le gélatino-bromure.

Les clichés colorés.

Presque tous ceux qui ont essayé de photographier
le rayonnement humain par le procédé de la plaque
immergée en bain révélateur ont été à même d'obtenir,
soit par hasard, soit d'une façon constante, des colorations plus ou moins intenses, plus ou moins variées
ou multiples.

Certains opérateurs colorent en effet les plaques
en rose tendre, d'autres en rouge foncé, d'autres en
violet, en vert et voire en bleu. Le Commandant Darget
nous a montré toutes ces couleurs sur une foule de
ses plaques, tant celles faites à sec que celles faites
dans le bain révélateur. Les premières colorations
qu'il a obtenues datent de 1896.

A quelle réaction fluidico-chimique doit-on attribuer ces colorations? Voilà ce que nous ne sommes
pas encore à même de déterminer.

Cependant il est à constater que chaque opérateur
a presque toujours une couleur dominante dans ses
clichés colorés. Devons-nous voir encore là une indication relative au tempérament ou à l'état physiologique de l'opérateur? La chose est digne aussi d'une
certaine attention.

Personnellement nous impressionnons les plaques en rose avec une sous-teinte de vert; notre tempérament est lymphatico-nerveux; et, si nous pouvons ajouter quelque créance aux dires de certains sujets dont la vue a été mise en état d'hyperesthésie par des procédés magnétiques, nous aurions les « fluides roses ». Si les « fluides roses » sont indices d'un mauvais caractère, nous voulons bien croire que les nôtres sont de cette couleur.

Quoi qu'il en soit, il est à retenir qu'en effluviographie humaine il se présente souvent des colorations dont quelques-unes sont parfois remarquables et dont la nature, une fois déterminée, pourrait bien nous conduire sur le chemin de découvertes intéressantes dans le domaine de ce que le docteur Baraduc appelait « les vibrations de la vitalité humaine ».

Ajoutons que les colorations dont il est ici question ne sont pas « le voile dichroïque » observé en photographie, car elles résistent à l'action des formules généralement employées pour faire disparaître ledit voile.

Voici, du reste, la formule proposée par la Société photographique Jougla.

Dans une quantité suffisante d'eau, mettre :

    2 p. 100 de permanganate de potasse;

    5 p. 100 de bisulfite de soude.

Si la coloration résiste à une immersion un peu prolongée dans cette solution c'est que l'on n'a pas affaire à un simple voile dichroïque.

Photographie de la maladie et des sentiments.

Par l'examen de la série des mains obtenues par le procédé côté verre et dans les mêmes conditions de laboratoire (voir fig. 20 à 25), on peut se rendre compte de la variation produite selon le tempérament inhérent à chaque opérateur. Nous venons de dire aussi quelques mots des différentes colorations qui se révèlent au cours de certaines expériences de photographies fluidiques. De cela, nous pouvons déduire, sinon conclure, que la plaque photographique est influencée diversement selon l'idiosynchrasie de l'expérimentateur ou l'idiopathie de la maladie. Et peut-être arrivera-t-on un jour, ainsi que certains le croient, à définir, par ce moyen, les maladies dont peuvent être atteintes ou les sentiments dont peuvent être animées les personnes influençant les plaques qui en rouge, qui en bleu, qui en vert, en violet ou en toute autre couleur.

Mais d'ici-là!... d'ici que la possibilité soit de diagnostiquer un état pathologique de par ce procédé, que d'expériences encore à faire! Que de progrès à réaliser!

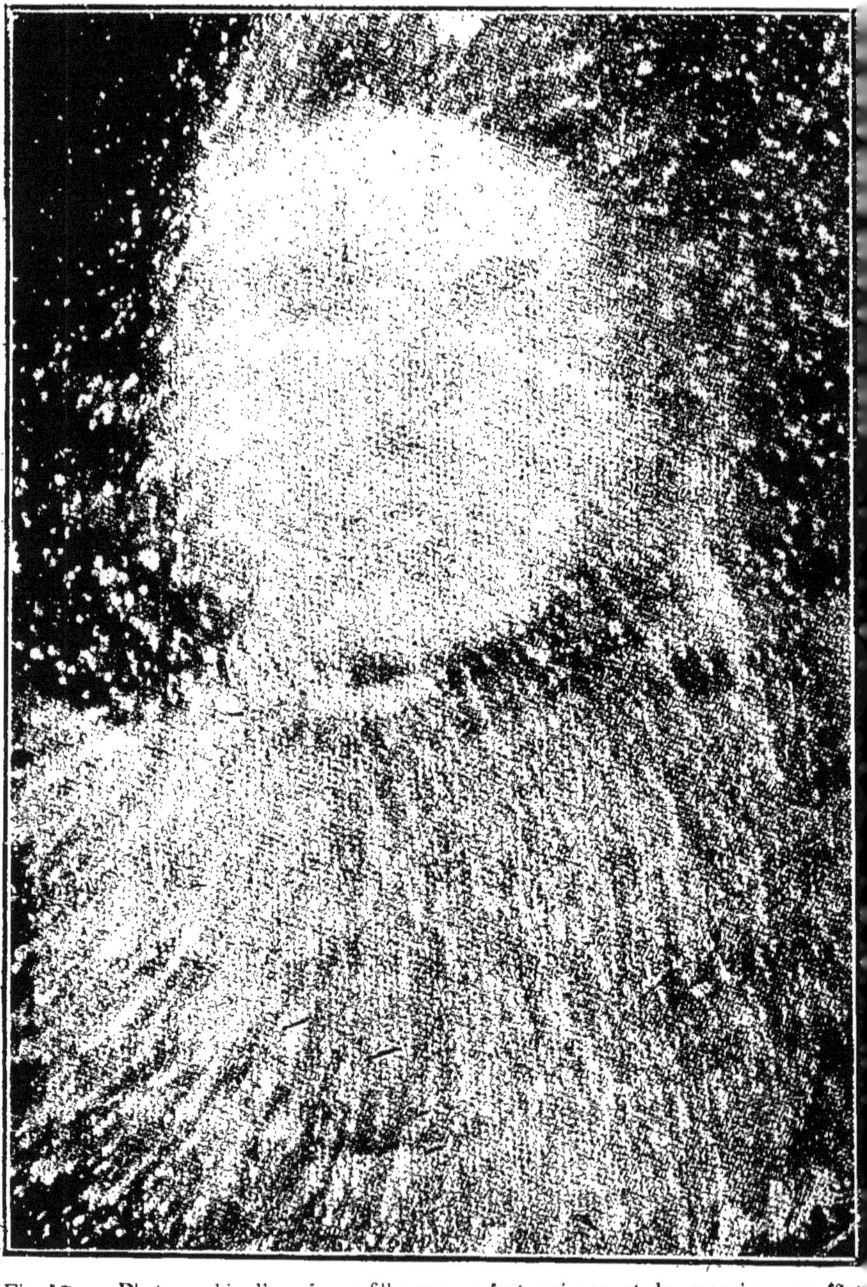

Fig. 57. — Photographie d'une jeune fille, une enfant, qui venant de recevoir un soufflet de sa mère pour une peccadille, fut photographiée directement à cet instant par le docteur Baraduc. L'enfant dans une surexcitation nerveuse bien compréhensible était toute vibrante et projetait autour d'elle un rayonnement fluidique intense qui a pu laisser son empreinte sur l'émulsion sensible.

Ce cliché fut appelé par le C⁰ Darget à qui on le présenta « les trente-six chandelles ». Il semble en effet justifier un dicton bien connu et il peut, croyons-nous être classé dans la catégorie : phothographie de sentiment.

Soyons donc raisonnables; contentons-nous de prouver d'abord, et cela irréfutablement, que notre corps est pourvu de rayons doués d'un certain pouvoir lumineux, qu'il émet vraisemblablement des radiations capables d'influencer la plaque photographique, et nous aurons déjà fait beaucoup.

Cependant, que cela n'empêche pas ceux qui vont de l'avant de formuler des hypothèses; mais de grâce, ne tirons pas encore de conclusions; elles seraient prématurées.

« Les maladies, surtout les maladies nerveuses, dit Darget, paraissent provenir des accumulations, diminutions ou absence de fluide vital, soit sur tout le corps, soit sur une région. Il y a pléthore ou anémie fluidique, ajoute-t-il. L'harmonie fluidique, la vapeur, n'est pas en rapport avec la machine animale ».

M. Darget dit encore : « Si on met une plaque sensible sur le coude d'une personne qui a un rhumatisme à cette région, et une autre plaque sur son deuxième coude qui n'en a pas, les effluves seront dissemblables » (*loc. cit.* page 10).

A cela, nous ne pouvons que répéter ce que nous disions, il y a un instant : Avant de conclure, que d'expériences encore à faire! Que de progrès à réaliser!

*Précipités chimiques provoqués par
les rayons humains.*

Nous croyons bien ne jamais pouvoir clore la série
de nos chapitres, et c'est encore le commandant
Darget qui en est cause.

En 1897, il eut l'idée de chercher à influencer le
gélatino-bromure en expérimentant avec des pièces
de monnaie plongées dans le révélateur et qu'il touchait avec les doigts. Nous avons déjà eu l'occasion
de voir les pièces de monnaie entrer en jeu dans la
relation des travaux de M. Lefranc; mais ce n'est
qu'en 1909, que ce dernier fit ses expériences, et nous
savons ce que furent les résultats.

Opérant ainsi, le commandant Darget obtint l'empreinte des dites pièces; celles-ci se trouvaient gra-
phiées avec une netteté telle qu'on les aurait dites
photographiées à l'aide d'un appareil. Le commandant constata aussi, dès cette époque, que certaines
empreintes étaient pourvues de différentes colorations
selon la personne qui avait expérimenté d'après son
procédé.

Longtemps après, en 1910, M. Darget ayant un beau
jour placé une pièce d'or sur une surface sensible
pendant le quart d'heure à un peu près réglemen-

taire, ne fut pas peu surpris de voir qu'au sortir du bain sa pièce d'or était complètement argentée sur l'une des faces. Et ce dépôt d'argent, véritable précipité chimique, obtenu par une électrolyse d'un nouveau genre, était parfaitement adhérent au métal et résistait au plus énergique frottement (1).

Le commandant Darget porte l'une de ces pièces d'or argentées en guise de breloque et cela depuis plus d'une année, et l'argenture est toujours très adhérente.

En plongeant inversement une pièce d'argent dans un bain au chlorure d'or et appliquant encore ses doigts sur la pièce, M. Darget a pu obtenir sur celle-ci le précipité de l'or en suspension dans la solution chimique.

Ces résultats sont on ne peut plus troublants, et si l'on doit admettre que jusqu'alors notre grand effluviographe soit à peu près le seul à avoir eu semblables résultats, il nous faut le voir étant doué d'un pouvoir radio-actif spécial, d'une médiumnité particulière, pourrait-on dire. Et, en définitive, nous pouvons conclure que ces expériences, comme toutes les autres citées au cours de ce travail, concourent à une seule et même chose et tendent à prouver, d'une manière ou d'une autre, que l'organisme humain est doué d'un pouvoir électro-magnétique qui mérite plus que de l'attention.

(1) Une communication de ce phénomène fut faite à l'Académie des Sciences le 20 février 1911. Le Commandant Darget y présenta une lame d'or pur pour qu'on ne pût pas attribuer l'adhérence à l'alliage de la pièce.

Les travaux du docteur Baraduc.

Dans cette branche naissante d'une nouvelle
science expérimentale, dans cette méthode d'application de la photographie à la fixation objective du
rayonnement humain, il est une figure qui passera
très certainement aussi à la postérité, à côté de celles
de Darget, Luys, et quelques autres : c'est celle du
docteur Baraduc.

Le docteur Baraduc, tout comme certains autres
expérimentateurs dans ce même ordre d'idées, a eu
ses errements ; il a été assez souvent un peu trop loin
dans ses déductions théoriques. Cependant, avant
de lui jeter l'anathème, comme certains l'ont voulu
faire, examinons ses travaux et extrayons la quintessence de ses recherches.

A l'exemple du professeur Iodko dont nous avons
parlé, le docteur Baraduc se servait aussi de l'électricité pour révéler sur la plaque sensible la présence
des rayons humains, et il étudiait concurremment les
effets mécaniques de l'électricité susceptibles d'être
enregistrés par la plaque, avec ce qu'il appelait, lui,
la force vitale humaine.

L'électricité, disait-il, se présente photographiquement sous la forme de radicelles d'un chevelu très caractéristique. Elle affecte la forme de ligne droite brisée. Elle n'obéit pas aux lois de la réfraction des lentilles et n'a pas l'action polarisée en attraction et en répulsion que présente la vitalité humaine sur l'aiguille d'un appareil dit « biométrique » (1).

Le fluide vital, lui, pénètre le verre si facilement qu'il suffit de le mélanger au fluide électrique pour permettre à cette électricité, ainsi humanisée de transpercer la plaque.

Cherchant à capter et à rendre objective la vitalité animale dans sa plus large adaptation, le docteur Baraduc s'attacha surtout à saisir celle-ci au moment où elle tend à disparaître à jamais, et il opéra très souvent dans les conditions du dernier souffle chez l'animal comme chez l'humain. Ses recherches toutes spéciales l'ont mené à ces conclusions :

Le sang des animaux de basse-cour tués impressionne la plaque mise face du verre sur le sang ou la plaie mortelle. Lorsque l'animal est mort ou le sang coagulé, la plaque n'est plus impressionnée.

Des expériences qu'il fit sur la vitalité du cœur humain, il résulta que la plaque sensible était très fortement impressionnée, à travers le bois du chassis,

____

(1) Voir les travaux de Baraduc et notamment *Les Vibrations de la vitalité humaine. L'Ame, ses mouvements, ses lumières.* Ollendorf, éditeur, Paris.

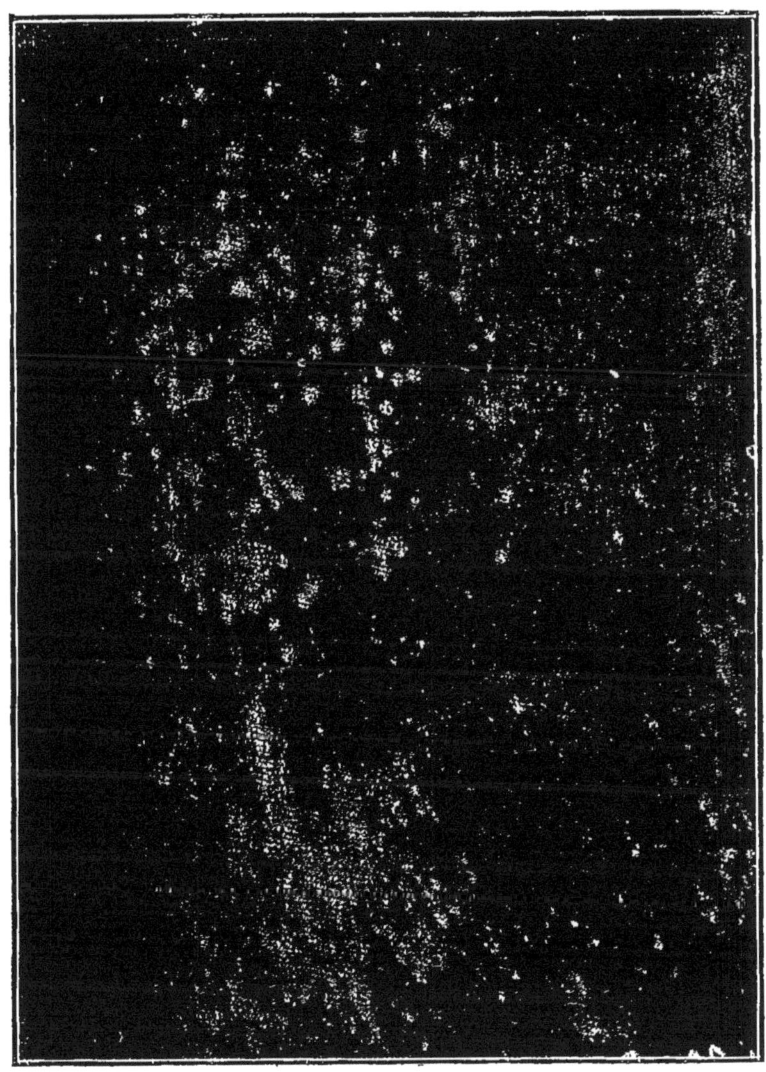

Fig. 58. — Émanations fluidiques humaines. Ces pois fluidiques ont été produits sur une plaque restée dans son double chassis, deux heures durant, entre les deux cœurs de deux personnes s'affectionnant. Cette expérience et d'autres prouvent la réalité de l'emprise et de l'imprégnation fluidique dans l'amour fusionnant deux centres humains de force vitale (d'après le Docteur Baraduc).

par de nombreux points, signature de la vitalité car-
diaque. Et il concluait :

« Comme la lumière, la force vitale impressionne
la plaque, c'est-à-dire réduit les sels d'argent et a une
action tellement nette sur la pellicule que, dans le
bain révélateur, les points touchés deviennent sail-
lants et parfois perforés, comme on le constate dans
les émanations volontaires en forme de perles » (voir
fig. 58).

La dernière forme de cette conclusion est au moins
prématurée, sinon exagérée. On ne conçoit, en effet,
pas très bien comment la lumière vitale pourrait per-
forer la gélatine, alors que semblable phénomène ne
se produit pour ainsi dire jamais en photographie
usuelle, même par une luminosité très intense et qu'il
faut au moins s'approcher vers les tropiques pour
voir les plaques se piquer d'elles-mêmes.

Pour Baraduc, les clichés-types de la force vitale
humaine se présentent sous la forme d'un semillé de
pois dans certaines conditions, ou d'une nuée, d'une
vapeur de vie dans d'autres.

Deux méthodes principales lui étaient coutu-
mières :

1° La méthode par tension électrique;

2° La méthode par tension volontaire.

Dans la première, la personne dont on voulait
soustraire la « nuée de vie » était placée dans le bain
d'électricité statique avec une plaque sensible sur le
front, et une tierce personne approchait sa main au-
devant de la plaque; il se produisait alors une forte

tension entre les deux personnes. Toute étincelle
étant évitée et l'électricité ne pouvant franchir
le verre de la plaque, c'était la force vitale seule

Fig. 59. — Les boulets avitaux, d'après le Docteur Baradu.

qui pouvait la pénétrer et impressionner l'émulsion.

La méthode par tension volontaire consistait à pro-
jeter sa force vitale sur la plaque par un effort de
volonté soutenue. — La tension volontaire rempla-

çant la tension électrique. Les personnes pleines d'un excès de vitalité impressionnaient facilement la plaque, paraît-il.

Plus avant dans ses théories, Baraduc nous initie à ses conceptions très belles et justes sur les forces inconnues émises par l'homme, sur l'atmosphère fluidique du corps humain, sur l'Ob ou aspir, sur la force courbe.

« L'homme, ce foyer central et médian, disait-il, s'entretient par un mouvement de respiration vitale que, par comparaison avec la respiration pulmonaire, on peut appeler aspir et expir. C'est un tourbillon de forces cosmiques en nous, allant de gauche à droite, analogue au mouvement de rotation des astres, de l'ouest à l'est, qui constitue le foyer vital et son atmosphère extérieure.

« L'homme, continuait-il encore, est aussi un centre de consommation de substances matérielles et spirituelles, créant, autour de lui, par la vibration de sa propre vitalité, une atmosphère invisible mais réelle, une « aura » en rapport avec son état d'âme ».

Indépendamment des deux méthodes que nous venons d'exposer, le docteur Baraduc procédait encore selon les systèmes suivants :

Le premier est appelé « procédé de laboratoire » et voici textuellement comment s'exprime notre effluviographe (1) :

1° *Procédé de laboratoire.* — On opère dans une

(1) *Photographie des Effluves humains*, par Santini, pages 113 et suivantes. Mendel éditeur, Paris.

chambre noire, à la lumière rouge, avec ou sans appareil : A) la main au-dessus de la plaque, ou le front mis en rapport avec la face verre de la plaque;

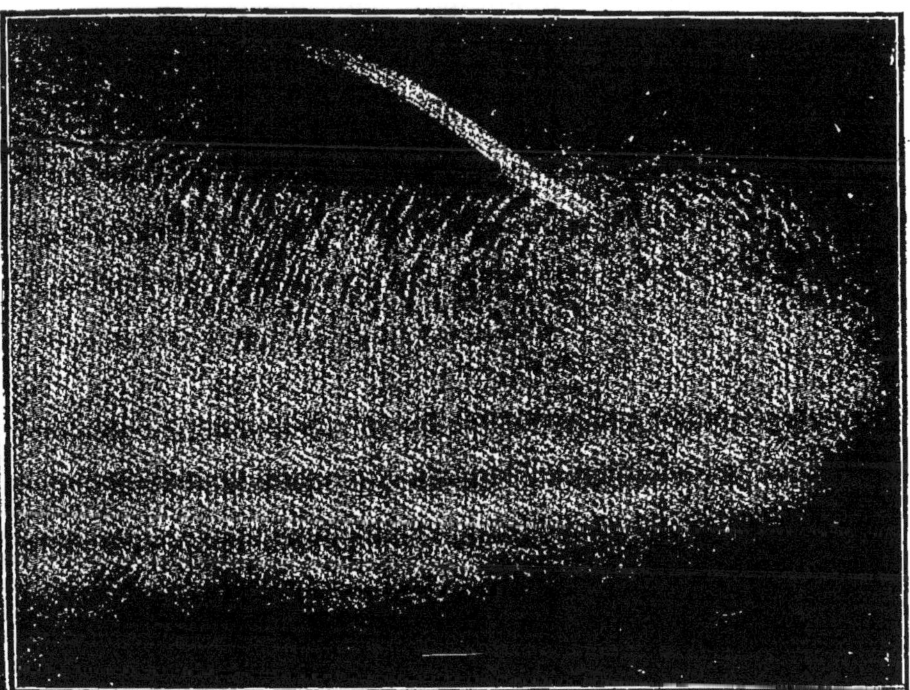

Fig. 60. — Force courbe cosmique. — Aura d'affection. — Triple vortex de force courbe cosmique réuni en un seul et formant une atmosphère fluidique fusionnée. Ce « vortex acte » produit par trois mains étendues sur une plaque, les trois personnes s'affectionnant ne faisant momentanément qu'une pensée, qu'un souffle, qu'une vibration intérieure sympathique (dans une tension électrique) cliché du Docteur Baraduc.

B) en mettant au point une personne que l'on plonge dans l'obscurité avant d'ouvrir le chassis de l'appareil photographique. Il faut nécessairement que cette personne soit en état vibratoire, volontaire ou émotif.

Ce procédé de laboratoire bien installé m'a servi pour toutes les nombreuses expériences faites chez moi.

2° *Procédé portatif.* — Il consiste à employer des plaques préalablement occluses dans un double porte-feuille ou mises dans un chassis léger recouvert d'un verre arrêtant les rayons solaires. Il faut maintenir la face verre séparée de la peau par l'épaisseur de l'enveloppe en contact avec la surface du corps, au moment de la période vibratoire ; la plaque occluse, mise dans un petit appareil de contention, constitue le « radiographe portatif », qui enregistre les mouvements dits de l'âme ou de notre vitalité vibrante.

Et Baraduc ajoute, pour prouver la toute bonne foi et la bonne conduite des expériences qu'il a faites et pour démontrer le bien-fondé de sa méthode « radiographique » qu'il faut observer les termes que voici (*loc. cit.* page 114) :

1° Agir à distance et sans contact pelliculaire : A) dans le laboratoire noir : B) avec une plaque occluse ;

2° Eliminer les plaques piquées ou à vacuoles, défaut de préparation ;

3° Se garer des fautes manipulatoires, provenant de la pression des doigts, des taches, des éraflures, de la graisse, du défaut d'homogénéité, de la révélation sensible, des bavures du lavage, du défaut d'agitation des bains, de l'inclinaison du bain révélateur ;

4⁰ N'avoir qu'une confiance modérée dans l'examen des épreuves sur papier sensible, car celui-ci reproduit aussi bien les fautes techniques dues à la gélatine que les empreintes dues à la réduction des sels d'argent.

Ailleurs, et pour répondre aux objections faites et

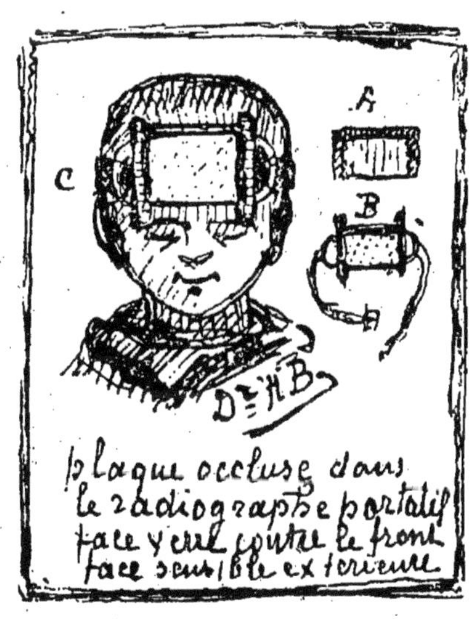

Fig. 61. — Le radiographe portatif du Docteur Baraduc.

notamment à celles du physicien Guébhart, Baraduc dit :

« Mes méthodes sont, en principe, au nombre de deux : l'une par voie sèche, l'autre par voie humide.

1° La voie sèche est celle que j'ai adoptée tout d'abord et que je considère comme la plus démonstrative; elle consiste à agir sur la plaque sensible exposée à sec dans l'obscurité complète, sans contact et à distance du corps humain.

La plaque est enfermée à cet effet soit dans une boîte hermétiquement fermée de toutes parts, soit dans une enveloppe en papier noir de double épaisseur, qui intercepte ainsi d'une façon indiscutable tout rayon lumineux. Ainsi recouverte, la plaque est exposée dans le voisinage immédiat de la personne en observation et de l'organe qu'il s'agit d'étudier. Elle est maintenue dans cette position pendant un temps assez long pour que l'action de l'effluve humain puisse s'exercer ; puis elle est retirée de la boîte ou de l'enveloppe et amenée dans le bain d'iconogène toujours dans l'obscurité. L'image apparaît, au bout d'un certain temps, dans les conditions ordinaires de la photographie, le bain étant maintenu en agitation et la plaque enlevée de temps à autre pour permettre d'observer l'image en voie de formation ».

Baraduc observe, lui aussi, que les images obtenues varient avec les sujets de la façon la plus prononcée, alors que les plaques restent maintenues dans les mêmes conditions physiques.

« 2° Dans la méthode par voie humide, au contraire, la plaque est posée dans le bain iconogène avant d'avoir subi aucune impression ; l'empreinte s'obtient en approchant la partie du corps, l'organe dont on veut étudier l'action, généralement la main ou les doigts, en face de la plaque immergée, quelquefois plongés eux-mêmes dans le bain ; l'action révélatrice due au bain se produit alors simultanément avec l'impression sur la plaque. Il est certain que, dans ce cas, poursuit le docteur Baraduc, le bain doit

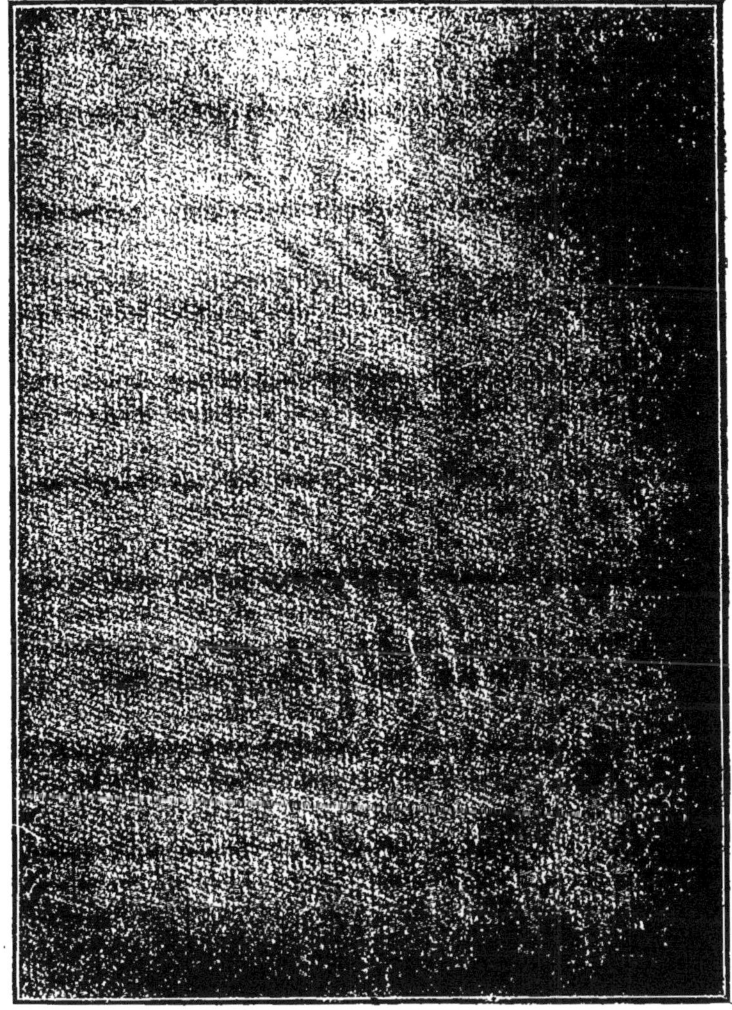

Fig. 62. — Force courbe cosmique. — Aura vortex de tristesse. — La main étendue au-dessus d'une plaque, l'âme très contristée et contractée. Le Docteur Adam détermine dans son atmosphère une aura de vertigineuse angoisse (d'après le Docteur Baraduc).

être tenu au repos, et cette circonstance peut justifier, dans une certaine mesure, les critiques de M. Guébhart, surtout lorsque la main est immergée; aussi je ne considère pas cette méthode comme aussi décisive que l'action par voie sèche.

« Malgré tout, je ne crois pas, même dans ce cas, qu'il soit possible d'expliquer toutes les empreintes obtenues par un arrangement purement fortuit des molécules, comme l'admettent les théories de M. Guébhart ».

Le gros intérêt des expériences de Baraduc réside donc dans les résultats obtenus par le procédé qu'il dénomme « la voie sèche », puisque la « voie humide » a été plus particulièrement étudiée par nous au cours de ce travail? Nous ne saurions donc trop engager nos lecteurs à procéder ainsi et nous leur souhaitons d'obtenir des résultats qui viennent à l'appui de la thèse soutenue par cet humble précurseur que fut le docteur Baraduc.

Avant de terminer cette citation déjà longue sur l'œuvre d'un même expérimentateur, nous prendrons encore la permission de faire deux emprunts qui nous paraissent dignes d'intérêt par cela même qu'ils renforcent une même théorie sur laquelle la grande majorité des effluviographes se trouvent en parfait accord.

« Dans la méthode humide *sans contact*, on constate que les molécules réductrices viennent s'assembler vers la pulpe de la main et des doigts en dessinant des lignes courbes convergentes absolument analogues aux lignes de forces tracées par la limaille de fer autour du pôle d'un aimant. Ce rapprochement s'impose d'une façon nécessaire en quelque sorte; car, si on opère en disposant un simple aimant au-dessus du verre, on obtient des images à peu près identiques à celles dues à l'effluve de la main mise au-dessus du bain, et un observateur non prévenu pourra les confondre.

« Cette analogie entre les empreintes de l'aimant et celles de la main se retrouve particulièrement marquée lorsqu'on opère avec la main droite, et l'expérience nous montre aussi cette main comme exerçant une action de nature attractive, qui ne se retrouve pas au même degré avec la main gauche; nous sommes donc conduits à penser que les empreintes obtenues doivent être considérées comme des manifestations d'appels provoqués par le corps humain, plutôt que des effluves sortant du corps, pour aller se perdre dans le cosmos extérieur. »

APPENDICE

Nous ne voudrions pas terminer ce travail sans dire quelques mots des expériences auxquelles se livrèrent, l'an dernier, deux savants docteurs américains dont les travaux ont défrayé un moment toutes les chroniques scientifiques et simili-scientifiques. Les articles publiés à cet effet, rédigés avec plus ou moins de compétence, semblaient vouloir abonder dans le sens américain. Nos deux docteurs, selon toute vraisemblance, ne trouveraient rien de mieux que de s'arroger la paternité de la découverte du rayonnement fluidique humain. Aussi tenons-nous à protester personnellement; non pas parce que ce sont des Américains et non des Français dont il s'agit, mais bien parce que, en toute justice, il est aisé de reconnaître qu'il y a beau jour, que l'on poursuit les mêmes recherches, ici, en France.

Un article tiré du *Messager*, de Liège (n° du 1er janvier 1912), démontrera très clairement à nos lecteurs l'état de la question.

Le fluide humain photographié.

Un savant américain, le docteur Patrick O'Donnel, qui s'occupe d'expériences à l'aide des rayons X, déclare qu'il lui a été possible de photographier l'étincelle vitale quittant le corps d'un mourant au « Mercy Hospital », à Chicago.

D'après le correspondant à New-York du *Daily Chronicle*, le docteur O'Donnel s'occupe spéciale- ment et depuis longtemps de l'étude du fluide éma- nant du corps de l'homme, de l'irradiation électrique qui entoure le corps humain. Il a pu observer ce fluide, à travers des écrans colorés spécialement, quittant le corps d'un patient qui venait d'expirer. La couche enveloppante du fluide se distinguait net- tement, et au moment où le docteur traitant déclara que le patient était mort, le fluide commença à se disperser et disparut bientôt.

Le docteur O'Donnel dit que depuis des années il partage la manière de voir du docteur W. J. Kilner, de Londres, qui a établi l'existence d'un fluide autour des corps humains.

En effet, MM. Rebman, de Londres, ont publié récemment un travail ayant pour titre : *L'atmosphère humaine ou le fluide rendu visible à l'aide d'écrans chimiques*, par Walter J. Kilner.

Le docteur Kilner a eu l'obligeance de se laisser interviewer par un collaborateur du *Daily Chronicle*, et de lui montrer comment il procède dans ses expériences. Ses écrans consistent en un liquide d'une couleur bleuâtre contenue entre deux plaques de verre, formant un oblong de quatre pouces de longueur sur un pouce et demi de largeur. La chambre dans laquelle se pratique l'expérience doit être obscure. Notre collaborateur tournait le dos aux fenêtres, masquées de stores sombres, qui ne laissaient passer qu'une faible lueur. Il étendit les bras de façon à donner pour fond à ses deux mains une tenture noire. Et les regardant à travers l'écran (1), il vit nettement une vapeur pâle, crendée, entourant tous ses doigts et des rayons de quelques pouces de longueur partant du haut des doigts. Les mains venaient-elles à se rapprocher, la vapeur spectrale de chacun des doigts s'allongeait pour aller rejoindre les rayons des doigts de l'autre main.

Les rayons s'allongeaient de même pour atteindre un aimant ordinaire en fer à cheval qu'on approcha et la main s'éloignant, une vapeur se remarqua aux pôles de l'aimant.

---

(1) Nous concédons volontiers aux docteurs O'Donnel et Kilner d'avoir, les premiers, utilisé un écran de composition spéciale pour mettre en évidence le rayonnement humain ; mais je ne sache pas que les expériences avec écrans aient été renouvelées en France avec succès. Il y a donc encore lieu d'attendre avant de se prononcer sur la valeur de la découverte.

Cette dernière expérience peut servir aux savants d'indication quant à la nature du fluide humain.

Lorsqu'on observe à travers l'écran un corps nu, il paraît entouré d'une vapeur dont l'épaisseur est variable.

Le docteur Kilner considère la présence de ce fluide comme un simple phénomène physique, n'ayant aucun caractère occulte.

Des centaines d'observations sur des personnes d'âge différent, malades ou en bonne santé, lui ont prouvé que certaines variations du fluide dénotent un état maladif, ce qui pourra l'aider à établir un diagnostic, et même à trouver où le mal est localisé.

Le Docteur Kilner n'avait encore reçu aucune communication du Docteur O' Donnel, à propos des photographies obtenues du fluide humain. Il est à sa connaissance cependant qu'un savant français, il y a quelque temps déjà, prétendait avoir obtenu de semblables épreuves photographiques.

Mais une fois qu'il est admis que ce fluide est particulier au corps humain — à la réserve près de l'aimant dont il vient d'être fait mention — rien n'empêche qu'un observateur attentif puisse le voir se dissoudre autour d'une personne mourante.

. . . .

Et voici un document officiel qui, en supposant que tous les autres soient nuls, démontrera mieux encore l'antériorité de la découverte.

(Journal de Liège du 29 Juillet 1911).

Le commandant Darget nous a fait part d'une lettre qu'il a envoyée le 9 septembre dernier à M. D'Arsonval, membre de l'Académie des sciences, pour établir son droit de priorité à la découverte du Rayonnement humain.

« Je vous serai reconnaissant, dit-il, de ne pas laisser prendre par d'autres, et surtout par des étrangers, ce qui appartient à moi et à la France.

Veuillez ne pas prendre mon expression « et à la France » comme trop prétentieuse ; car il s'agit d'une découverte capitale trouvée par un Français et dont les effets se feront sentir sous une multitude de formes ; et, notamment, pour la photographie des maladies, puisque les médecins y trouveront le diagnostic certain. Les plaques actuelles sont insuffisantes et cependant j'ai pu me rendre compte du rayonnement des maladies par les effluves que j'ai obtenus, toujours différents selon le genre de maladies. Il est probable qu'on inventera de nouvelles plaques, plus sensibles à l'impression du fluide vital, et qui deviendront le spectroscope de certaines affections, surtout des affections nerveuses.

La souscription Emmanuel Vauchez, dont je suis le trésorier, qui a produit plus de 50.000 francs, a précisément pour but de récompenser les inventeurs de ces nouvelles plaques. »

Le commandant Darget dit plus loin

« Depuis près de trente ans que j'ai fait la découverte, par la photographie, du rayonnement humain, j'ai employé environ 4.000 à 5.000 francs pour la perfectionner sous une multitude de formes.

Il serait vraiment dommage de me laisser dépouiller, et encore par un étranger, lorsque vous avez été désigné pour empêcher que l'on puisse commettre ce vol.

Voici, avec les dates, les rapports dont vous avez été chargé à mon sujet : 30 novembre 1908 : Ma découverte sur le Rayonnement Humain que j'ai dénommée plus particulièrement Radio-activité du Corps humain.

8 février 1909 : Radio-activité des différentes parties du Corps humain, pendant un temps donné.

9 Août 1909 : Radio-activité des Animaux et des Végétaux.

20 février 1911 : Adhérence directe de l'argent et de l'or, par le fluide vital humain, opération que l'industrie n'avait pu réaliser jusqu'à ce jour. »

*
* *

La Justice Française a reconnu l'existence du rayonnement humain. L'Académie des Sciences va s'en occuper.

Nous avons récemment pris connaissance d'une lettre du Secrétaire perpétuel de l'Académie des Sciences de Paris, datée du 23 juillet 1912, informant le commandant Darget qu'une Commission d'académiciens avait été nommée pour examiner ses travaux.

Il y a, par conséquent, lieu d'espérer que la réalité des effluves humains qui décèlent leur présence sur les photographies et clichés en possession des savants désignés, sera officiellement reconnue.

Disons aussi que la réalité du magnétisme physiologique a été reconnue, il y a peu de temps, devant la justice française, à l'issue d'un procès intenté par le Syndicat des médecins de la Seine à l'École pratique de Magnétisme. Le procureur de la République a textuellement dit dans son réquisitoire :

« Le magnétisme scientifique est celui que vous
« exposait tout à l'heure un homme compétent, le
« commandant Darget, en vous parlant des rayons V
« ou vitaux. M. Darget, que j'ai rencontré dans une
« société mondaine, m'a montré récemment une
« plaque qu'il avait posée sur son front, à la suite
« d'une violente colère, et qui présente des tourbil-
« lons très curieux; on aurait dit, permettez-moi
« l'expression, que le dieu Éole soufflait une tem-
« pête.

« Je ne veux retenir qu'une chose : c'est que le
« magnétisme humain est un agent thérapeutique
« très puissant. Le 13e Congrès de médecine légale l'a
« considéré comme un véritable agent thérapeutique.
« La Cour de Cassation, elle aussi, l'a reconnu. »

CONCLUSION

Conclusion?... Pouvons-nous vraiment conclure d'après l'exposé qui vient d'être fait, et ce mot incisif n'est-il pas à la fois trop hardi et trop prématuré?

Non, si nous nous cantonnons sur le terrain exclusivement démonstratif de la mise en valeur d'une force que des expériences d'un tout autre ordre ont déjà décelée et qui ont permis d'établir certaines lois qui, chaque jour, reçoivent confirmation.

Oui, si nous voulions affirmer que seuls les rayons humains entrent en jeu dans les modifications photochimiques apportées à l'émulsion au bromure d'argent.

Une conclusion est donc hardie; des déductions sont cependant permises et le lecteur les aura faites lui-même en parcourant notre travail, en assimilant en lui chacune des méthodes dont il est parlé et en pesant chacune des objections

qui se présentent à l'esprit d'impartialité qui
doit animer tout chercheur consciencieux.

De plus, ce travail est certainement très incom-
plet ; nous en avons parfaite connaissance :
chaque jour amenant du nouveau, chaque jour
apportant d'autres éléments en faveur de la
démonstration irréfutable de l'existence du
rayonnement humain. Mais notre livre, nous le
répétons encore, n'a été inspiré que par le désir
de voir un mouvement se créer, prendre corps
et qui tende à faire aboutir, et qui tranche définitivement le litige existant sur cette question
si primordiale, si vitale, pourrions-nous dire
sans métaphore.

Nous connaissons l'apathie des corps savants
pour cette science nouvelle et bien vieille tout à
la fois. Nous savons comment on s'est comporté
avec elle déjà, comment on la considère en ce
moment. Nous n'ignorons pas que, reconnaissant qu'il y a tout de même quelque chose de
vrai dans toutes les allégations des chercheurs
indépendants, les savants officiels commencent
à étudier ce quelque chose et qu'ils le débap-
tisent et le rebaptisent à l'envi. Quelques autres
voudraient bien aussi étouffer ce quelque chose,
se l'accaparer, le détruire peut-être? Hélas!
pauvres pygmées que vous êtes, oh! savants
que hantent ces idées! Ainsi que la nature

est impérissable, le magnétisme humain, en tant que vérité, l'est aussi ; et vous essayeriez de l'enfouir sous les décombres de votre savoir pantelant ?

Tremblez... Une éruption nouvelle se prépare de laquelle le rayonnement humain sortira pur et lumineux, — sans métaphore toujours, — et les scories que vous aurez amoncelées pour obstruer le passage qu'il s'était déjà fait, enseveliront vos théories surannées sur l'essence même de la vie, dans un linceul de désolation et d'oubli.

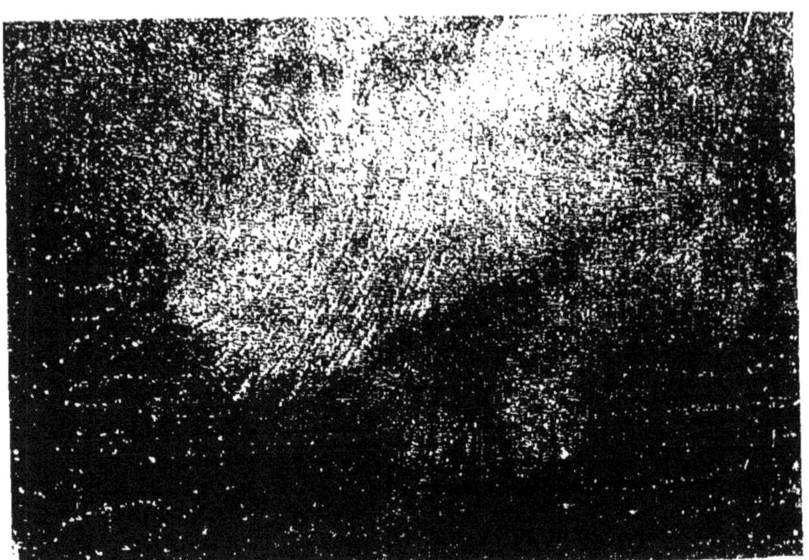

Fig. 63. — La première colère. Cliché obtenu par le Commandant Dargel en maintenant une plaque photographique à un demi-pouce environ au-dessus de son front, quelques instants après avoir éprouvé une forte colère.

Fig. 64. — La deuxième colère. Obtenu par le Commandant Dargel après qu'il venait de chasser de chez lui, prêt à le frapper, un fournisseur qui l'avait trompé (En bain révélateur, 3 doigts sur le gélatino-bromure, 3 doigts au-dessus touchant seulement le liquide).

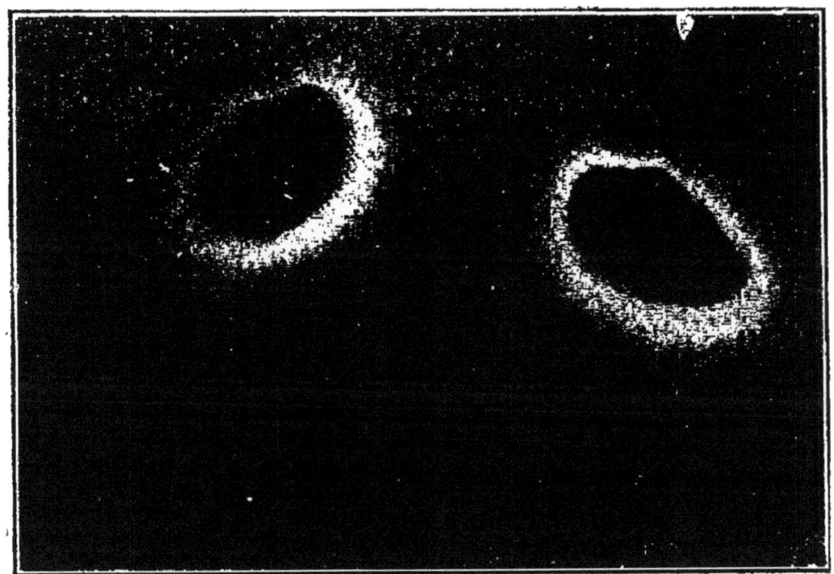

Fig. 65. — Auréole des deux pouces. Obtenu par le Commandant Dargel, en bain révélateur. Pose 15'. Les empreintes sur le cliché original sont pourvues de belles couleurs.

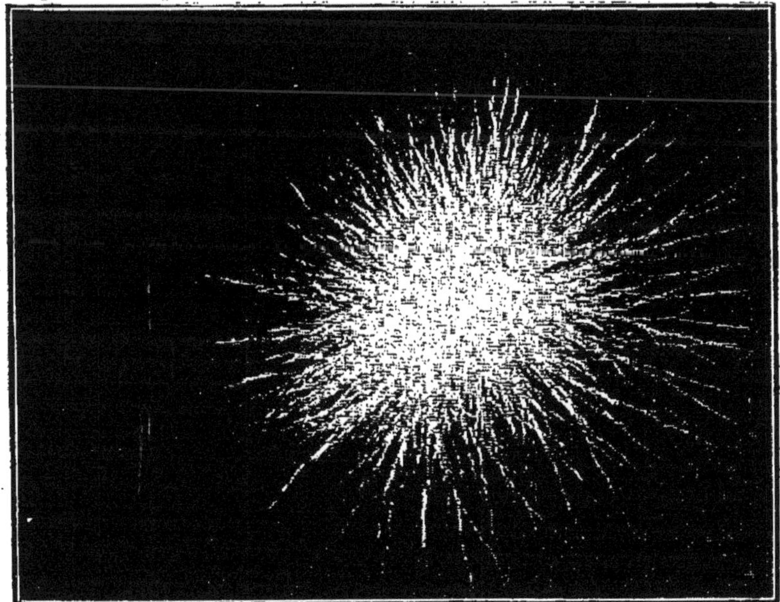

Fig. 66. — Electricité vitalisée. Epreuve faite par le Commandant Dargel chez M. E. Bosc, dans une tension électrique, mais sans qu'aucune étincelle jaillisse. Le Commandant était monté sur le plateau isolateur d'une machine statique en mouvement et dirigeait un doigt de la main vers une plaque tenue par M. Bosc et éloignée de plusieurs centimètres.

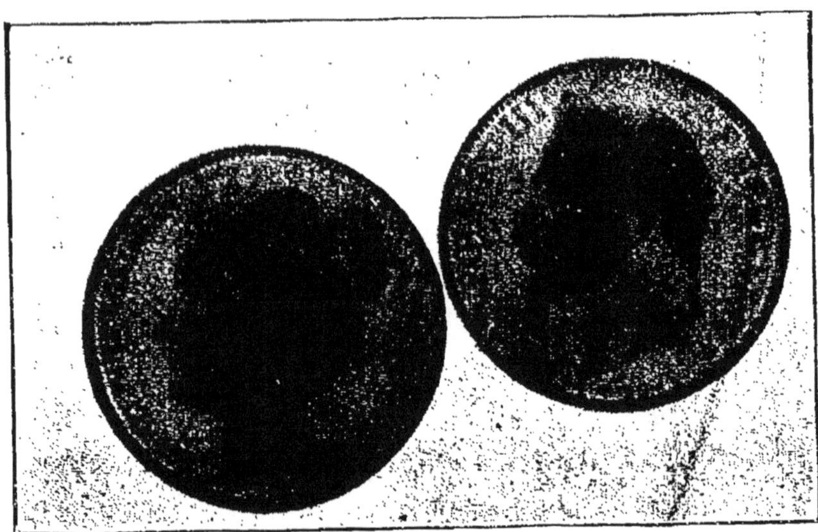

Fig. 67. — Graphies de deux pièces de monnaie placées sur le gélatino-bromure d'une vitrose Lumière, en bain révélateur. Le Commandant Dargel a apposé trois doigts sur la pièce Napoléon laquelle a marqué son empreinte en rouge sur le cliché. M C... a mis trois doigts sur la pièce Wilhelmine qui a marqué en jaune. Pose : 15′.

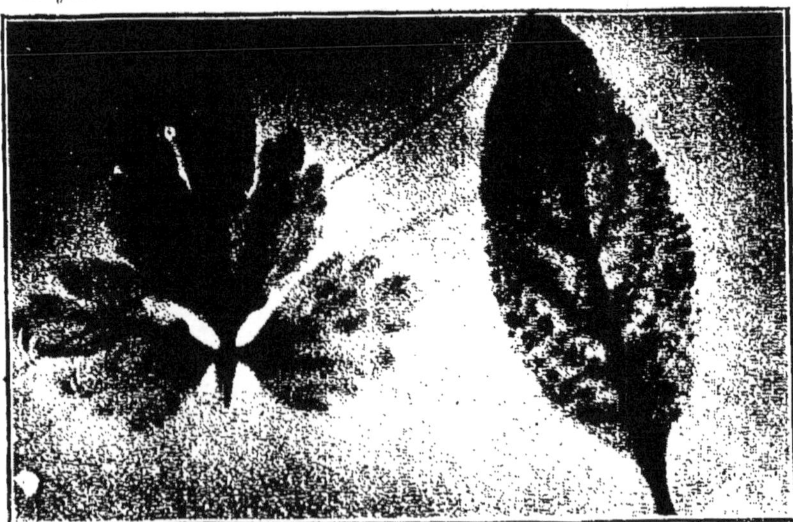

Fig. 68. — Graphies de deux feuilles de plante placées sur gélatino-bromure en bain révélateur, un carreau de verre dessus pour les maintenir aplaties. Quatre doigts de la main droite appliqués pendant 15′ donnent ce résultat. Empreintes originales fortement et diversement colorées (Cliché Dargel).

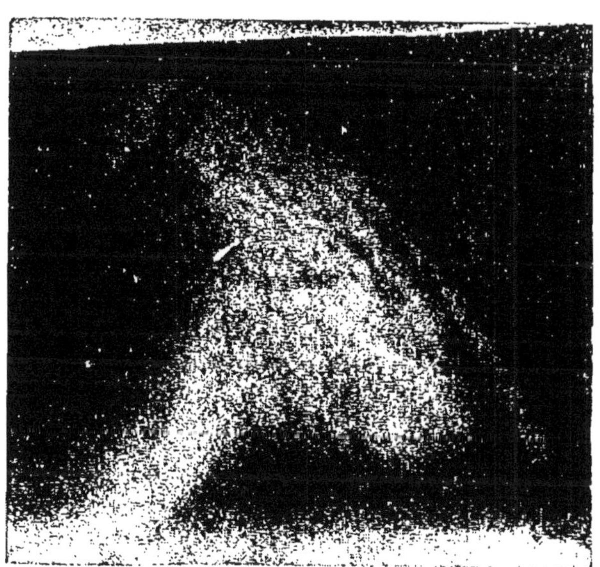

Fig. 69. — Photographie du rêve, d'après le Commandant Darget.
Une plaque fut placée pendant une quinzaine de minutes sur le
front de Mme Darget endormie; développée, elle donna l'image
très nette d'un aigle. Le commandant Darget a dénommé cette
épreuve « photographie du rêve », faute d'autre expression.

TABLE DES MATIÈRES

Coulommiers. — Imp. DESSAINT et Cie

www.ingramcontent.com/pod-product-compliance
Ingram Content Group UK Ltd.
Pitfield, Milton Keynes, MK11 3LW, UK
UKHW021214140726
13695UKWH00002B/542